庙岛群岛习见鱼类彩色图谱

庄龙传　主　编

刘子亭　刘正一　副主编

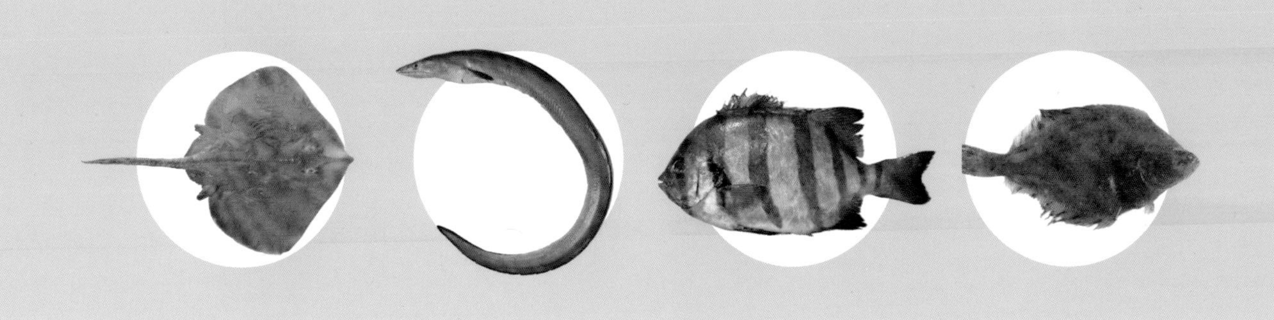

海洋出版社

2023年·北京

图书在版编目 (CIP) 数据

庙岛群岛习见鱼类彩色图谱 / 庄龙传主编 ; 刘子亭,
刘正一副主编. — 北京 : 海洋出版社, 2022.12
ISBN 978-7-5210-1060-2

Ⅰ. ①庙… Ⅱ. ①庄… ②刘… ③刘… Ⅲ. ①群岛－
海产鱼类－山东－图谱 Ⅳ. ①Q959.4-64

中国国家版本馆CIP数据核字(2023)第012901号

责任编辑：林峰竹
责任印制：安　森

海洋出版社 出版发行
http://www.oceanpress.com.cn
北京市海淀区大慧寺路 8 号　　邮编：100081
鸿博昊天科技有限公司印刷
2022年12月第1版　　2023年6月第1次印刷
开本：889 mm × 1194 mm　　1 / 16　　印张：7.25
字数：92千字　　定价：105.00元

发行部：010-62100090　　总编室：010-62100034

《庙岛群岛习见鱼类彩色图谱》
编委会

主　编　庄龙传

副主编　刘子亭　刘正一

编　委（按姓氏笔画排序）

毕远新　庄龙传　刘子亭　刘正一

肖圣志　钟志海　秦　松　夏　春

谢恩义

序言

庙岛群岛是我国典型的温带群岛，由坐落在渤海海峡的 32 个岛屿组成，狭长的岛链位于黄海和渤海的分界线，其独特的海洋生态环境，孕育了丰富的海洋生物资源，鱼类就是最具代表性的类群之一。

海底世界中，形形色色的海底环境和植物群落构成了茂密的水下森林、灌木丛和草原，它们环岛分布，成为海洋鱼类的乐园，为它们在黄、渤海之间的长途跋涉提供了重要的驿站，也成为它们繁衍后代、休养生息的家园。

早在 6 500 年前，庙岛群岛就已出现了渔业文明。相关鱼叉、渔网坠等早期渔具的出土，说明当时的岛民已掌握了先进的捕鱼技能，“鱼米之乡”之于这里，亦是“以鱼为米”。这里的鱼类既成为鲜美的食品丰富了人们的餐桌，也支撑了海豹等珍贵动物和多种濒危鸟类的生存。“八仙过海”的故事源自这片群岛，仙人们过海的技能，多半就模仿了本书中这几十种常见的鱼类。

中国科学院烟台海岸带研究所过去 4 年来在庙岛群岛开展了海洋生物资源调查，采集了鱼类标本和相关信息资料，对鱼类尤其是海藻场鱼类的研究已有一定的科学积累。加之过去少有一本专门描述庙岛群岛海域的集科学性、资料性和趣味性于一体的习见海洋鱼类图鉴。故此，编写和出版一部庙岛群岛常见的海洋鱼类图鉴，作为鉴赏和种类鉴定的参考资料是十分必要的。基于 4 年 10 余个航次的野外调查和研究积累，经过反复比较和筛选，本书精选出庙岛群岛及其周边海域最具代表性的近 50 种鱼类，奉献给广大读者。

本书的出版得到了烟台市科技创新发展计划项目（2020MSGY055 和 2023ZDCX039）、烟台市教育局 2022 年校地融合项目“海洋牧场动物营养与病害防控科技支撑平台”、聊城大学规划教材建设项目（JC202119）以及聊城大学博士基金（318051317）的资助。本书的编写过程中得到了秦松研究员的热情关注和大力支持，在此表示衷心感谢！

由于知识有限，疏漏和不当之处在所难免，欢迎读者批评指正。

编者

2022 年 6 月

目录

绪论

鱼类是脊椎动物中出现最早的一个类群，其历史也最长。根据地质学研究中的生物化石资料，在距今5亿多年的古生代奥陶纪就已出现鱼类，比两栖类和爬行类约早出现1亿多年，而比鸟类和哺乳类则早出现2亿多年。鱼类作为脊椎动物中最原始、最低等的一个类群，无论是形态结构还是生理功能，均比其他纲的动物简单得多。从脊椎动物的演化过程来看，温血的鸟类和哺乳类动物是从冷血的爬行类演化而来，爬行类是从两栖类演化而来，两栖类又是从原始的鱼类的分支（四足亚纲）演化而来。

现知世界上共有鱼类32 000余种，约占目前已知脊椎动物种类（约60 000余种）的半数以上。目前，国际公认的Nelson鱼类分类系统已将鱼类系统分为85目536科。其中，淡水鱼类（整个生活史内主要生活于淡水水域）13 700种左右，约占总种类的43%，其余为海水鱼类。我国产海水鱼类3 700余种，分隶于4纲47目。在占地球总表面积约3/4的海洋及内陆的淡水中都有鱼的踪迹，可见鱼类分布广、数量多，能适应各种水体环境生存。

海洋生物能够繁衍、生长，使其种群得到不断补充，以维持其种群的数量水平，属于可再生性资源。多数鱼、虾、蟹、贝和藻的繁殖、生长及其他活动常在浅海或近岸海域进行，海岸带作为海洋与陆地交界的狭窄过渡地带，是不少生物种的产卵、育幼场所，同时也是一些重要经济种的捕捞作业区。潮间带的泥沙滩涂或岩礁环境是多种鱼、虾、蟹、贝和藻的栖所，资源蕴藏相当丰富，采捕生产也有很长的历史，它们与人类的关系十分密切。我国大陆所濒临的海域多是浅海，海洋渔业生产的相当大部分捕捞对象与海岸带有着不同程度的关系。

但值得注意的是，我国针对海岸带鱼类资源的专项调查，起步较晚，科研力量相对薄弱，相关著作数量亦不多。1975—1978 年，开展了闽南—台湾浅滩渔场调查，这是我国台湾海峡水域的综合渔业资源调查，第一次揭示了该海域的渔场海洋学特征与一些经济种类的渔业生物学特性，为区域渔业开发与保护提供了重要依据。1980—1985 年，中国水产科学院南海水产研究所和中国科学院南海海洋研究所共同负责开展了对广东（含海南岛）浅滩滩涂渔业环境与渔业资源的调查研究。1980—1987 年开展的“全国海岸带和海涂资源综合调查”是国家“六五”“七五”的重点科技研究项目，在国家科委领导下，由国家科委、国家计委、国家农委、总参谋部和国家海洋局等单位所组成的全国海岸带和海涂资源综合调查领导小组具体组织沿海 10 个省（自治区、直辖市）进行了大规模综合调查。参加调查的有 500 多个单位，约 19 000 人。调查范围包括全部大陆岸线（包括海南岛）陆侧 10 km（社会经济调查范围为拥有海岸线或河口岸线的所有县、县级市及中央和省辖市的市区）、全部滩涂和海侧到 15 ~ 20 m 等深线的海域，调查面积达 35×10^4 km^2。调查成果形成我国海岸带和海涂资源综合调查报告、专业报告和图集等。此次全国海岸带调查所获鱼类、头足类及虾蟹类共 589 种，其中鱼类 480 种（21 目 126 科），占全国海岸带游泳生物总量的 80.0%。全国海岸带和海涂资源综合调查堪称我国海岸带资源研究史上的第一块里程碑，也为掌握和开发利用我国丰富的海岸带鱼类资源提供了重要的基础。进入 21 世纪以来，我国近海渔业资源调查与研究逐渐获得国家的极大重视。海洋鱼类学工作者进行了多次不同规模的海上调查研究，如 2003—2008 年的渤海莱州湾产卵场调查，2014—2018 年的中国近海渔业资源调查和中国近海产卵场调查等。然而，我国目前的近海渔业资源调查的范围极少能兼顾到海岸带的陆地浅滩与潮间带等区域，因此专项的能反映我国海岸带鱼类资源现状的综合调查和研究力量亟需增强，海岸带鱼类资源的相关数据资料亟需补充。

总之，目前我国针对海岸带鱼类，尤其是专性海岸带鱼类（终生生活于海岸带环境的鱼类）的相关调查研究仍待进一步丰富和发展，以促进我国海洋渔业新形势下的相关学科与生产实际的有机结合，为我国海洋资源可持续利用、海洋生态文明建设和综合管控海洋的战略目标实施提供必要的基础。

海岛及其周围海域作为典型的海岸带生态景观，资源极其丰富。如今，海岛资源开发已引起世界海洋国家的普遍重视。由于成因和区位的原因，海岛及其周围海域的自然环境既受陆域自然环境的影响，又受外海及大洋自然环境的影响。在海洋生态系统中，是一处复杂多样的区域。在渔业生产上，也是一个特殊的渔业区域。庙岛群岛是我国北方的代表性群岛，由渤海海峡区的 32 个海岛组成，位于黄海、渤海交界的枢纽区域，同时也是黄海、渤海海洋生物“三场一通道”（产卵场、索饵场、越冬场和洄游通道）的关键栖息地。近年来，山东近海由于过度捕捞和海洋开发程度的日益加深，传统优质渔业资源出现不同程度的衰退，营养层次高、个体大的蓝点马鲛、小黄鱼、许氏平鲉、大泷六线鱼等的资源量逐年减少，而营养层次低、个体小的鳀、方氏云鳚、矛尾虾虎鱼等的资源量逐年增长，渔业资源结构呈现小型化和低值化趋势，严重制约着近海捕捞和休闲渔业的发展。在“长岛海洋生态文明综合试验区”建设背景下，近岸养殖的限制和清退对于天然渔业资源的恢复与发展提出了更高的要求。有针对性地构建海藻场和海草床生态工程，坚持伏季休渔和增殖放流政策是促进天然渔业资源快速发展的有效途径。2018—2022 年，中国科学院烟台海岸带研究所秦松研究员团队在庙岛群岛近海共布设和养护马尾藻场 4 000 亩，围绕此工程开展了 4 年 10 余个航次的渔业资源调查，共获得 9 目 49 种近海常见鱼类样本，完成生物学测量、图像采集、校色以及原位的潜水摄影，形成本书的核心内容。以下，笔者从这些鱼类外部形态的客观展示着手，将系统阐述与趣味科普相结合，重点介绍庙岛群岛鱼类物种的分类地位、形态特征、分布范围、生活习性和资源现状等，以期用生动的语言将读者带入一个多姿多彩而又自成一格的群岛鱼类王国。

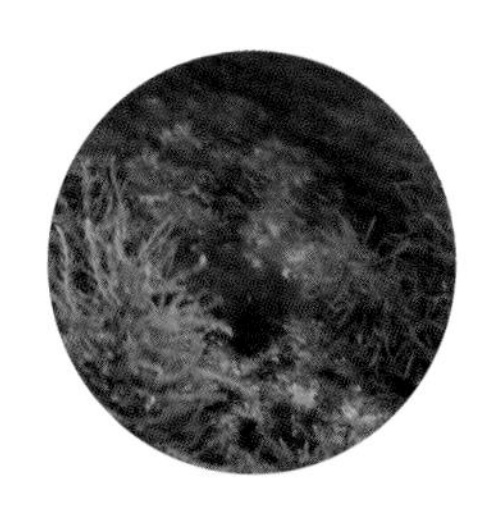

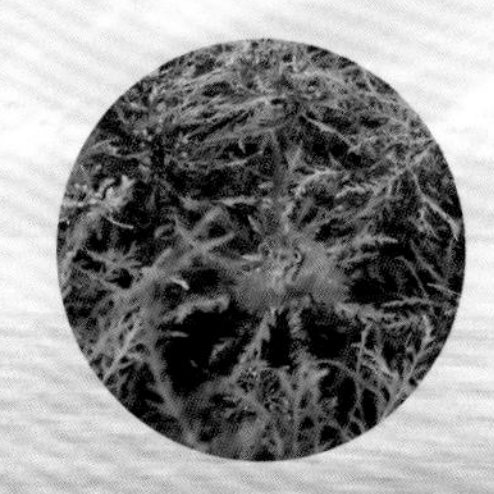

孔鳐 *Okamejei kenojei*

分类地位：鳐形目鳐科鳐属。

形态特征：体平扁，体盘中间宽，亚圆形，前缘呈波曲状，后缘圆滑。吻前端尖突。头长略小于体盘长的1/2。眼较小，长形。眼间距宽，中间略凹。喷水孔位于眼后。鼻孔较大，距口近，前鼻瓣较宽大，后缘细裂，伸达口角外侧；后鼻瓣前部半环形。口中大，横列形，微向前曲，上颌骨中部凹入，下颌部中部突出。齿细小而多，铺石状排列，雌体齿细尖，上颌齿为48～52纵行。鳃裂不大。鱼体的背、腹面均光滑，但在体盘背面前缘、两侧及吻部有许多小刺状突起。尾粗而扁，有侧褶。体背呈褐色，有时略带棕红色，体盘周边色较淡。腹面淡白色，有许多小黑点，以口围较多。

分布范围：分布于中国、朝鲜半岛、日本；在中国分布于渤海、黄海和东海。

生活习性：冷温性近海底层鱼类。喜埋于沙中，昼伏夜觅食。卵生，产卵期为4月底至9月。

资源现状：2019年8月被世界自然保护联盟（International Union for Conservation of Nature，IUCN）红色名录评估为“易危物种”。

鱼趣贴士：一条雌性亲鱼一个产卵期能产卵20余粒至60余粒，卵壳扁而四角形，角具角状突起，边缘具黏性细条，黏附于海藻、碎贝壳和石块上，在海滩上有时会见到。卵的直径1.5～1.8 cm，卵壳长3～3.5 cm，壳宽2. 3～2.9 cm。孵化出的幼鱼会有追随它们母亲生活的现象，这在鱼类中比较罕见。

照片来源：庄龙传，摄于2018年11月。

孔鳐 *Okamejei kenojei*

生物特征

分类：鳐形目鳐科鳐属

体长：可达 57 cm

分布：在中国分布于渤海、黄海和东海

食性：主要摄食小型鱼虾类

青鳞小沙丁鱼 *Sardinella zunasi*

分类地位： 鲱形目鲱科小沙丁鱼属。

形态特征： ● 背鳍 16；臀鳍 20 ~ 22；胸鳍 17；腹鳍 8。纵列鳞 42 ~ 44；横列鳞 12 ~ 14。鳃耙 27 + 51。体长为体高 3.0 ~ 3.3 倍，为头长 4.0 ~ 4.4 倍。头长为吻长 3.5 ~ 4.5 倍，为眼径 3.3 ~ 3.9 倍。

● 体近长方形而侧扁，背缘微隆凸，腹缘弯凸程度很大，更为侧扁且棱鳞强大。头短小，侧吻短于眼径。眼中等大，侧上位。眼间隔窄而平。口小，前上位。鳃孔大。鳃盖膜分离，不和峡部相连。鳃盖条 6 条。鳃耙细长。假鳃发达。鳞大而薄，圆形，除头部外，全体均有鳞。无侧线。胸鳍位低，末端不达于腹鳍。腹鳍小于胸鳍，始点距鳃孔和距臀鳍始点约相等。尾鳍深叉形。头体背侧青黑色，向下微绿，两侧及侧下方银白色。背鳍与尾鳍淡黄色，其他鳍白色。

分布范围： 广泛分布于太平洋西部；在中国分布于渤海到南海北部沿岸。

生活习性： 暖水性中上层小型鱼类。杂食性，以浮游硅藻及小型甲壳类为食。产浮性卵，产卵期 5—8 月。

资源现状： 2017 年 2 月被 IUCN 红色名录评估为“无危物种”。

鱼趣贴士： ● 青鳞小沙丁鱼是近海洄游性鱼类，春季在公海和半封闭海域产卵，卵和仔鱼随海流漂流，成鱼则在沿海水域形成鱼群。它的线粒体 DNA 控制区序列分析显示，它的遗传多样性水平较高，且存在三个主要的单倍型类群，可能是由于冰期事件导致的隔离和扩张。

● 虽然产量较大，但此鱼很少被新鲜食用，日本人会用它做寿司，我国及朝鲜半岛居民常把它制成咸干品。

照片来源： 庄龙传，摄于 2018 年 12 月。

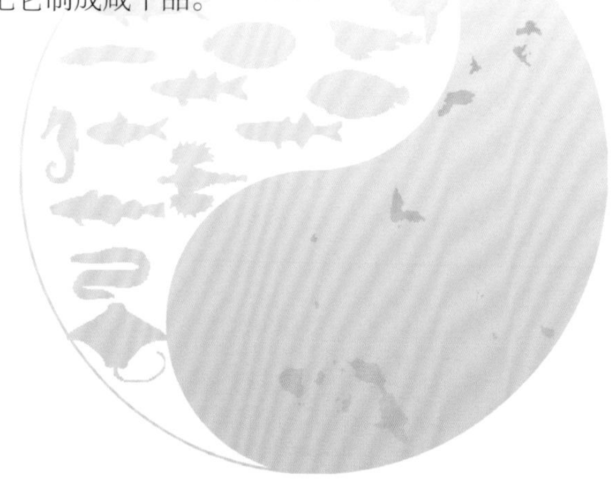

青鳞小沙丁鱼 *Sardinella zunasi*

生物特征

分类：鲱形目鲱科小沙丁鱼属

体长：可达 18 cm

分布：在中国分布于渤海到南海北部沿岸

食性：主要摄食浮游动物

斑鰶 *Konosirus punctatus*

分类地位： 鲱形目鲱科鰶属。

形态特征： ● 背鳍Ⅳ-13 ~ 17；臀鳍Ⅲ-18 ~ 24；胸鳍Ⅰ-16；腹鳍Ⅰ-7 ~ 8；尾鳍Ⅴ-16-Ⅳ。纵列鳞54 ~ 56。鳃耙157 + 163。体长为体高2.9 ~ 3.5倍，为头长3.7 ~ 4倍。头长为吻长4 ~ 4.7倍，为眼径4 ~ 4.7倍。

● 体侧扁。腹缘有锯齿状棱鳞。头侧扁。吻圆钝。口小，上颌长于下颌。体被圆鳞，似六角形。胸鳍和腹鳍基部有腋鳞。无侧线。背鳍起点在腹鳍起点的前上方，末根鳍条延长为丝状；胸鳍后伸达腹鳍起点；腹鳍起点与背鳍起点相对；尾鳍深分叉。体背淡青绿色，体侧及腹部银白色。鳃盖略黄。尾鳍后缘黑色。

分布范围： 分布于太平洋西部；中国沿海均产。

生活习性： 近海常见中上层洄游性鱼类。主要栖息于港湾和河口一带。产浮性卵，产卵期7—8月。

资源现状： 2017年2月被IUCN红色名录评估为“无危物种”。

鱼趣贴士： 斑鰶在我国有一定的产量，为小型食用鱼类，肉细味美，价格低廉。而在邻国日本从初夏开始，市场上就出现“新子鰶”（指4 ~ 6 cm体长的斑鰶幼鱼），通常对其进行醋腌渍之后再做成寿司配料。新子鰶1 kg价格可高达50 000日元左右，而且往往有价无市，不过随着体型慢慢长大，价格会逐步下跌。

照片来源： 庄龙传，摄于2018年12月。

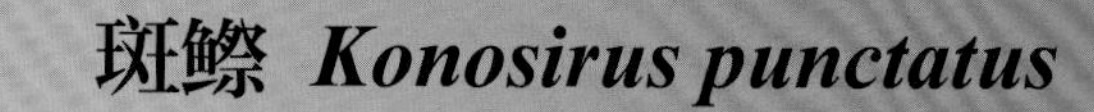

斑鰶 *Konosirus punctatus*

生物特征

分类：鲱形目鲱科鰶属

体长：可达 25 cm

分布：中国沿海均产

食性：以浮游生物为食，主要是各种藻类、贝类、甲壳类和桡足类幼体

赤鼻棱鳀 *Thryssa kammalensis*

分类地位： 鲱形目鳀科棱鳀属。

形态特征： ● 背鳍 I-12；臀鳍 29 ~ 34；胸鳍 13；腹鳍 7。纵列鳞 38 ~ 40；横列鳞 9 ~ 10。鳃耙 25 ~ 28 + 30 ~ 31。体长为体高 4.0 ~ 4.3 倍，为头长 4.0 ~ 4.2 倍。头长为吻长 4.0 ~ 5.0 倍，为眼径 3.8 ~ 4.0 倍。

● 体长形，稍侧扁，背、腹缘向后渐窄。头中大，侧扁。吻显著突出，圆锥形。眼前侧位。眼间隔中间高。鼻孔位于眼上缘的前方。口大，下位，上颌长于下颌。鳃盖膜彼此微相连。鳃盖条 11 条。假鳃不发达。鳃盖骨光滑。尾柄甚短且高。体被圆鳞；鳞片前缘的中间凸，后缘圆形或尖形，有 10 ~ 17 条横沟线。尾鳍深叉形。体银白色。背部青绿色。吻通常为赤红色。胸鳍和尾鳍为淡黄绿色，背鳍稍淡，腹鳍为浅白色。

分布范围： 分布于太平洋西部和印度洋；中国沿海均产。

生活习性： 暖温性浅海小型中上层鱼类。产浮性卵，产卵期 5—6 月，在近岸产卵。

资源现状： 2018 年 2 月被 IUCN 红色名录评估为“数据缺乏”。

鱼趣贴士： 赤鼻棱鳀是一种小型鱼类，以浮游动物为主要食物，其中仔稚鱼占其摄食量的 70.6%。赤鼻棱鳀的摄食效率很高，其食物转换效率为 35.08%，能量转换效率为 39.30%，可以快速地转化食物中的能量和物质，保证自身的生长和繁殖。然而，赤鼻棱鳀也面临着与鳀的激烈竞争，因为两者的食物重叠度高达 70%，都对仔稚鱼有很大的需求。赤鼻棱鳀和鳀之间的食物竞争关系可能会影响两者的生态平衡和资源利用。

照片来源： 庄龙传，摄于 2018 年 12 月。

赤鼻棱鳀 *Thryssa kammalensis*

生物特征

分类：鲱形目鳀科棱鳀属

体长：可达 18 cm

分布：中国沿海均产

食性：以多毛类、端足类及其他浮游动物为食

星康吉鳗 *Conger myriaster*

分类地位： 鳗鲡目康吉鳗科康吉鳗属。

形态特征： • 体长为体高 14.4 ～ 16.7 倍，为头长 6.8 ～ 7.3 倍。头长为吻长 3.6 ～ 3.9 倍，为眼径 8.1 ～ 9.5 倍。

• 体呈长圆筒形，尾部侧扁。头锥形。两眼间隔宽。吻部尖长，前端尖形，口阔而平，两颌牙齿细小，每侧 2 行，舌较宽，前端能活动。体无鳞，皮肤光滑。侧线完全，沿侧线及其上方各有 1 行呈白色点状的感觉孔，如同小星，这也是它得名“星康吉鳗”的原因。背鳍、臀鳍和尾鳍相连，无腹鳍。胸鳍与奇鳍均较发达；奇鳍互连；背鳍始于胸鳍后上方；臀鳍位于肛门后方。尾部长于头与躯干长度之和。头部及体侧具白斑。背侧灰褐色，腹部白色。胸鳍黄色，其他鳍为淡黄色。

分布范围： 分布于西北太平洋；中国沿海均产。

生活习性： 常栖息于沿岸的泥沙、石砾底质的水域。每年 5 月末至 6 月初是星康吉鳗叶状幼体的变态阶段。

资源现状： 2011 年 8 月被 IUCN 红色名录评估为“无危物种”。

鱼趣贴士： 星康吉鳗昼伏夜觅食，生性“孤僻”，很少群居，大多数时候都是单独行动。星康吉鳗为有毒鱼类，其血清毒素对小鼠的半致死量 LD_{50} 为 370 ～ 740 mg/kg；体表黏液中含有黏液毒，有毒黏液对小鼠的半致死量 LD_{50} 为 1 610 mg/kg。1 g 黏液可杀死小鼠 30 只，属于弱毒。加热 50℃以上，毒性丧失。因此，在烹调后食用不会中毒。

照片来源： 庄龙传，摄于 2019 年 8 月。

星康吉鳗 *Conger myriaster*

生物特征

分类：鳗鲡目康吉鳗科康吉鳗属

体长：可达 100 cm

分布：中国沿海均产

食性：以鱼、虾等底栖动物为食

海鳗 *Muraenesox cinereus*

分类地位： 鳗鲡目海鳗科海鳗属。

形态特征： ● 体长为体高 13.8 ~ 25.9 倍，为头长 5.6 ~ 6.8 倍。头长为吻长 3.5 ~ 4.1 倍，为眼径 8 ~ 10 倍。

● 体延长，圆筒形，后部侧扁。尾部长于头与躯干部的合长。头尖长。吻突出。眼大，长圆形。眼间距大于眼径。鼻孔每侧 2 个，前鼻孔短管状，后鼻孔圆形。口大，口裂伸达眼的远后方；上颌突出。舌狭窄，附于口底。两颌牙尖强，3 行；犁骨齿发达，3 行，中间具 10 ~ 15 个大齿。鳃孔宽大，左右分离。肛门位于体中部前方。体光滑无鳞。侧线孔明显。背鳍、臀鳍与尾鳍三鳍相连；背鳍起点在胸鳍稍前方。胸鳍短圆。体背侧银灰色，大型个体稍呈暗褐色。腹侧乳白色。背鳍、臀鳍、尾鳍边缘均黑色。胸鳍淡褐色。

分布范围： 分布于西太平洋和印度洋；中国沿海均产。

生活习性： 底层凶猛肉食性鱼类，游泳迅速。常栖息于水深 50 ~ 80 m 泥质或泥沙质的海区。产卵期 4—6 月。

资源现状： 2019 年 11 月被 IUCN 红色名录评估为“无危物种”。

鱼趣贴士： 海鳗擅长以尾尖钻挖底土形成洞穴，通常会躲在自己的洞穴里，一旦海上起了风浪，水被风浪搅浑之后，海鳗便会趁乱四处觅食。江浙的风干鳗鲞在国内外市场上都久享盛名。海鳗还有一贵重的部位即鱼鳔，含有 19 种氨基酸、维生素 A、维生素 D、维生素 E 及多种人体所需矿物质，无论是鲜货还是干品，都会单独出售，这就是著名的鳝肚。

照片来源： 庄龙传，摄于 2019 年 12 月。

海鳗 *Muraenesox cinereus*

生物特征

分类：鳗鲡目海鳗科海鳗属

体长：可达 2.2 m

分布：中国沿海均有分布

食性：摄食虾、蟹、小鱼

尖嘴柱颌针鱼 *Strongylura anastomella*

分类地位： 颌针鱼目颌针鱼科柱颌针鱼属。

形态特征： ● 背鳍 18 ~ 20；臀鳍 23 ~ 24；胸鳍 11 ~ 12；腹鳍 6。侧线鳞 229 ~ 286。体长为体高 14.5 ~ 24.0 倍，为头长 3.0 ~ 3.3 倍。体高为体宽 1.4 ~ 1.6 倍。

● 体细长，侧扁。头较长，额顶部平扁。吻特别突出。由前颌骨和下颌骨形成细长的喙。眼中等大，侧上位。口呈水平，口裂很长。下颌稍大于上颌。两颌具细小而尖锐的齿，呈带状排列，外侧有一行排列稀疏的犬牙。鳃丝发达。无鳃耙。背鳍和臀鳍均较长，位于体的后部。胸鳍较小，高位。腹鳍位于腹部的后方。尾鳍后缘微凹。体背呈翠绿色，体侧下方及腹部呈银白色。体背正中线上具较宽的深绿色纵带。

分布范围： 广泛分布于西北太平洋；中国沿海均产。

生活习性： 暖水性上层鱼类。杂食性。5 月初到 6 月底在黄、渤海区产卵，产沉性附着卵，卵表面有 4 条细长胶质丝，借以缠绕在其他物体上进行发育。

资源现状： 被 IUCN 红色名录列为“未予评估”。

鱼趣贴士： 尖嘴柱颌针鱼在山东沿海被称为梁鱼、针梁鱼。肉质细白，但口味一般，胶东等地烹饪多大量用醋去腥。该鱼性情凶猛，上颌下颌均具有尖锐发达的大犬牙，见光源便极其兴奋，常有主动刺入或撕咬潜水者和泳客的伤人报道。人被咬及被刺后剧痛难忍，严重时大量出血。因此，潜水者应避免带发亮物下水，夜潜时不要将光源向上，与大型尖嘴柱颌针鱼遭遇应及时规避撤离。

照片来源： 庄龙传，摄于 2020 年 12 月。

尖嘴柱颌针鱼 *Strongylura anastomella*

生物特征

分类：颌针鱼目颌针鱼科柱颌针鱼属

体长：可达 100 cm

分布：中国沿海均产

食性：性凶猛，以小型鱼类为主食

平井燕鳐 *Cypselurus hiraii*

分类地位： 颌针鱼目飞鱼科燕鳐属。

形态特征： ● 背鳍 13 ~ 14；臀鳍 9 ~ 10；胸鳍 13 ~ 14；腹鳍 6；尾鳍 15。侧线鳞 65 ~ 67。体长为体高 5.1 ~ 5.2 倍，为头长 4.5 倍。头长为吻长 4.5 ~ 4.8 倍，为眼径 3.3 ~ 3.4 倍，为眼间距 2.0 ~ 2.4 倍。

● 体长而扁圆，略呈梭形，背部平。体被大圆鳞，鳞薄极易脱落。侧线下位，沿腹缘向后延伸。头、背面青黑色，侧下方及腹部银白色。头短。吻短。眼大。口小。鼻孔大，三角形，深凹。背鳍、臀鳍灰色，位于体后部。胸鳍浅黑色，发达，宽大，其前部不分枝鳍条数为 2。腹鳍大，后位，可达臀鳍末端。尾鳍有黑白相间纹理，深叉形，下叶长于上叶。

分布范围： 分布于西北太平洋；中国沿海均产。

生活习性： 暖温性中上层鱼类。产卵期 6—8 月，盛期为 6 月，产黏性卵。

资源现状： 被 IUCN 红色名录列为“未予评估”。

鱼趣贴士： 平井燕鳐作为飞鱼的一种，喜欢聚群洄游，游泳迅速，常跳出水面，在水面上空 1 m 处滑翔，空中滑翔时间可维持数十秒之久，滑行距离可达数十米至 100 m 以上。在水清、海藻丛生的近海，常会出现平井燕鳐在海面上“千鱼竞越”的宏大场面。飞鱼之所以进化出飞行的本领，很可能是为了躲避水中的金枪鱼、鲨鱼等天敌的追杀。

照片来源： 庄龙传，摄于 2020 年 10 月。

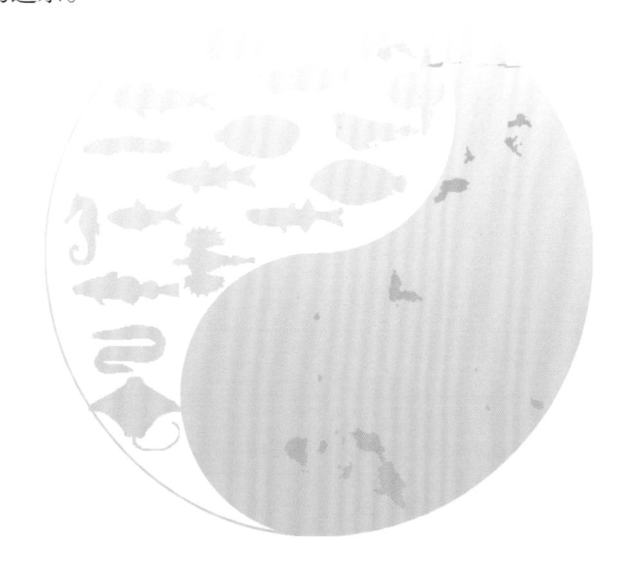

平井燕鳐 *Cypselurus hiraii*

生物特征

分类：颌针鱼目飞鱼科燕鳐属

体长：可达 35 cm

分布：中国沿海均产

食性：主食暖水性的大型浮游动物，如端足类、十足类和虾蛄幼体等

尖海龙 *Syngnathus acus*

分类地位： 海龙目海龙科海龙属。

形态特征： ● 背鳍 39 ~ 45；臀鳍 4；胸鳍 12 ~ 13；尾鳍 9 ~ 10。骨环 19 + 40。体长为体高 24 ~ 38 倍，为头长 8.5 ~ 9.0 倍。头长为吻长 1.7 ~ 1.8 倍，为眼径 7 ~ 11 倍，为眼间距 10 ~ 13 倍，为胸鳍长 3.7 ~ 5.1 倍。

● 体细长。躯干横切面七棱形，比头的横切面大。腹部的棱较为发达。尾部四棱形。躯干上侧棱和尾部上侧棱不相连接。躯干下侧棱与尾部下侧棱相连接。躯干中侧棱和尾部上侧棱接近，后者的前端向下弯曲，始于前者的稍上方。头侧面有皱纹，枕骨部隆起，后缘有一低棱，此低棱后方和前颈骨片及颈骨片相连。吻细长成管状，有一光滑的背中棱。眼中等大，侧上位。口在吻的尖端，无牙。两鼻孔近于眼。鳃孔退化为小孔状，位于鳃盖的上方。鳞为骨环状，全身均覆骨环，骨片排列为环状，骨面有显著丝状纹，但甚光滑。尾鳍为扇状。通体褐色。

分布范围： 分布于西太平洋和印度洋；中国沿海均产。

生活习性： 暖水性近海小型中上层鱼类。常栖息于海藻丛中。雄性具有育儿囊，雌性产卵于育儿囊中，产卵期 5—7 月，产卵前要经过一系列产卵动作。

资源现状： 2013 年 5 月被 IUCN 红色名录评估为“无危物种”。

鱼趣贴士： ● 世界上的动物大都是由雌体来生殖的，但尖海龙恰恰相反，它们“生儿育女”都是由“父亲”承担。小海龙从孕育到出生一直由“父亲”进行照料，出生不久的小海龙，一旦遇到危险，“父亲”的育儿囊就是它们的避难所。

● 尖海龙是一种利用头部快速旋转来捕食的鱼类，这种方式被称为“枢轴捕食”（pivot feeding）。它的捕食时间只有 6 ~ 8 ms，是已知最快的脊椎动物之一。

照片来源： 庄龙传，摄于 2019 年 12 月。

尖海龙 *Syngnathus acus*

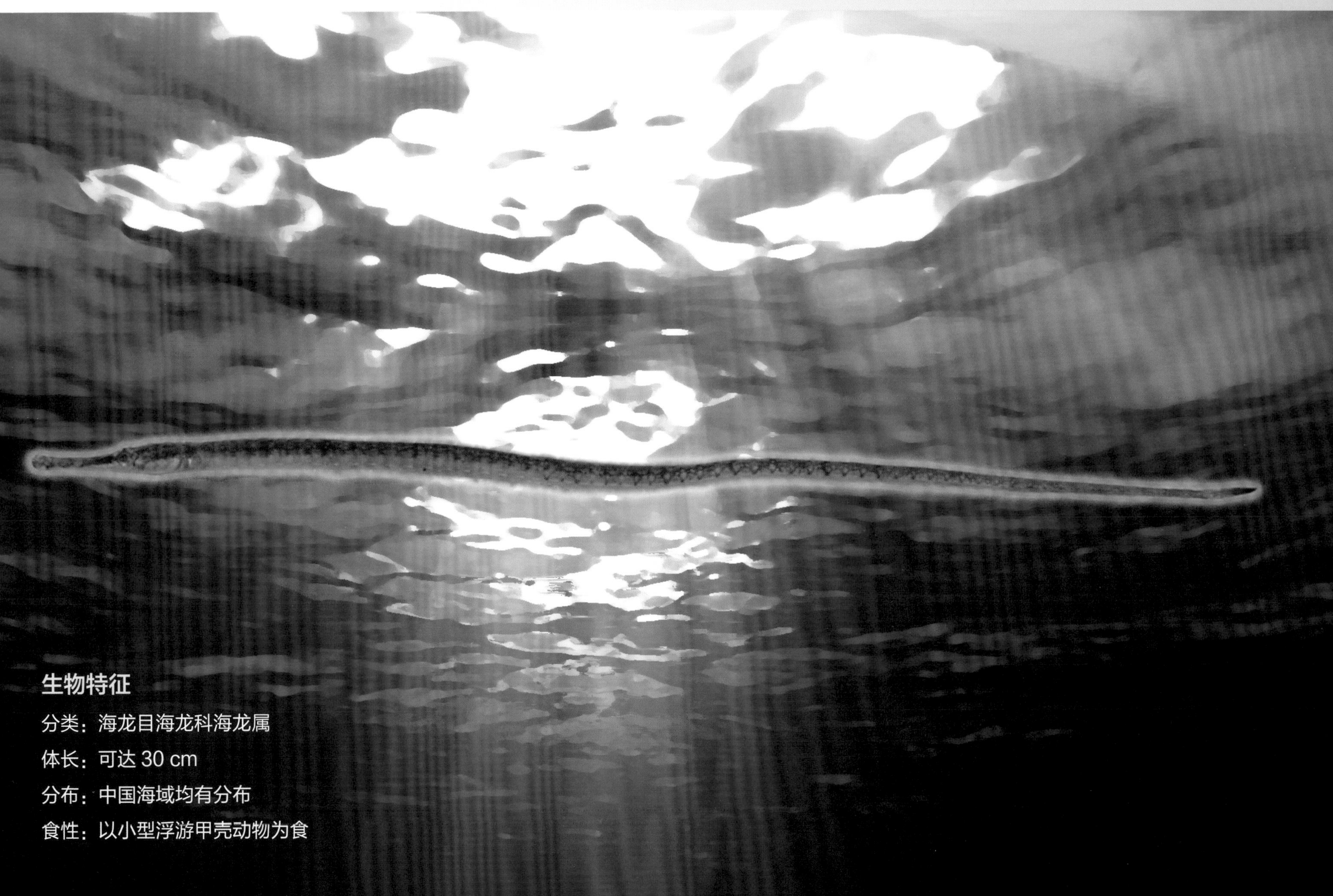

生物特征

分类：海龙目海龙科海龙属

体长：可达 30 cm

分布：中国海域均有分布

食性：以小型浮游甲壳动物为食

花鲈 *Lateolabrax japonicus*

分类地位： 鲈形目鮨科花鲈属。

形态特征： ● 背鳍Ⅻ－Ⅰ－12 ～ 14；臀鳍Ⅲ－7 ～ 8；胸鳍 16 ～ 17；腹鳍Ⅰ－5；尾鳍 17。侧线鳞 72 ～ 80。鳃耙 7 ～ 9＋14。幽门盲囊 14。体长为体高 3.3 ～ 3.8 倍，为头长 3.0 ～ 3.1 倍。头长为吻长 3.3 ～ 4.6 倍，为眼径 4.5 ～ 6.6 倍，为眼间距 4.5 ～ 7.2 倍。

● 体延长，侧扁；背缘浅弧形，腹部钝圆。头中大，头长大于体高。吻较尖。眼中大，上侧位，靠近吻端。眼间隔宽，微凹，大于眼径。鼻孔 2 个，前后紧邻，位于眼前缘；前鼻孔具鼻瓣，后鼻孔圆形。口大，口裂倾斜。下颌长于上颌；上颌骨后端扩大，伸达眼后缘下方。具假鳃。侧线完全，平直，沿体侧中央达尾鳍基底。背鳍 2 个，其间具深缺刻，仅在基底相连。尾鳍分叉。体背侧青灰色，腹部灰白。侧线以上及背鳍鳍棘部散布若干黑色斑点，背鳍鳍条部及尾鳍边缘黑色。臀鳍和胸鳍灰色。

分布范围： 分布于西北太平洋；中国沿海均产。

生活习性： 暖温性底层鱼类，常栖息于河口。常溯河洄游到淡水水域觅食，秋末到河口产卵，冬季回到近海。

资源现状： 被 IUCN 红色名录列为“未予评估”。

鱼趣贴士： ● 花鲈是一种适应性强、生长迅速、病害少、效益好的海水鱼类，可在海水和淡水中养殖。它的淡水养殖对提高淡水鱼类的品种和质量有重要意义，市场需求和出口前景都很好。它的网箱养殖在我国东南沿海地区已经大规模发展，是我国海水鱼类养殖的主要品种之一。

● 连云港渔民常用一种奇特有趣的“敲山”法捕捉花鲈：在漆黑的夜晚，渔民们轻轻地摇着舢板，来到离山壁十几米远的海边撒下长长的渔网，然后船上的人突然一个劲地往海里抛石块，还有的敲铁桶、跺船板，刹那间，把宁静的海域鼓噪得像开了锅似的，一下子喧腾起来，旁边的山壁也回响起颤抖的回音。这突如其来的声响，吓得花鲈晕头转向，慌忙奔逃，大部分都钻进网眼，被牢牢卡住。

照片来源： 庄龙传，摄于 2018 年 8 月。

花鲈 *Lateolabrax japonicus*

生物特征

分类：鲈形目鮨科花鲈属

体长：可达 60 cm

分布：中国近海均有分布

食性：为近海及河口附近中上层凶猛鱼类，亦进入淡水河内索食，以虾蟹及小鱼等为食

细条天竺鲷 *Jaydia lineata*

分类地位： 鲈形目天竺鲷科天竺鲷属。

形态特征： • 背鳍Ⅶ，Ⅰ-9；臀鳍Ⅲ-8；胸鳍 14；腹鳍Ⅰ-5；尾鳍 17。侧线鳞 24。鳃耙 4 ~ 5 + 12 ~ 13。体长为体高 2.6 ~ 2.8 倍，为头长 2.3 ~ 2.5 倍。头长为吻长 4.3 ~ 4.6 倍，为眼径 3.2 ~ 3.6 倍，为眼间距 3.4 ~ 4.0 倍。尾柄长为尾柄高 1.5 ~ 1.8 倍。
• 体长椭圆形，侧扁。头大，前端圆钝。吻短钝。眼大，上侧位。眶前骨边缘光滑。眼间隔宽而平坦。口大，微斜。上、下颌约等长，上颌骨不被眶前骨遮盖，后端伸达眼后缘下方。体被弱栉鳞。侧线完全，位高，与背缘平行。背鳍 2 个，互相分离，第一背鳍起点在胸鳍起点上方，第二背鳍鳍条长于第一背鳍最长鳍棘。臀鳍与第二背鳍同形。胸鳍长，末端伸达臀鳍起点上方。腹鳍位于胸鳍基下方。尾鳍圆形。体侧具 9 ~ 11 条灰褐色细横条纹。头顶部、背鳍及尾鳍边缘具稀疏小黑点，各鳍浅色。

分布范围： 分布于中国、朝鲜半岛、日本和菲律宾；中国沿海均产。

生活习性： 温带及亚热带近岸中下层小型鱼类。性喜结群，通常栖息于底质为沙泥的浅海。夏季产卵，雄鱼将卵含于口内孵化，亲鱼翌年孵出仔鱼后即死亡。极少有鱼活至 2 龄。

资源现状： 被 IUCN 红色名录列为“未予评估”。

鱼趣贴士： 天竺鲷科，大部分都具备“口孵”行为，这在海水鱼中极为少见。所谓“口孵”，就是雄天竺鲷将已受精的卵块衔入口中进行孵化，此时可见口孵鱼的下颌会些微隆起如戽斗，且因满口含卵，无法摄食，开始过“绝食”的生活。如此约经数天到一周，卵在雄鱼口中孵化成为仔鱼后，才被释放出来，这样可以大大减少后代被掠食的风险，从而提高繁殖成功率。

照片来源： 庄龙传，摄于 2019 年 4 月。

生物特征

分类：鲈形目天竺鲷科天竺鲷属

体长：可达 10 cm

分布：中国沿海均产

食性：摄食小型底栖无脊椎动物，虾、蟹类、乌贼等

多鳞鱚 *Sillago sihama*

分类地位： 鲈形目鱚科鱚属。

形态特征： ● 背鳍Ⅺ，Ⅰ－21 ~ 24；臀鳍Ⅱ，22 ~ 25；腹鳍Ⅰ－5；胸鳍 16。体长为体高 5.4 ~ 7.9 倍，为头长 3.5 ~ 3.9 倍。头长为吻长 2.2 ~ 2.8 倍，为眼径 3.8 ~ 6.3 倍，为眼间距 4.8 ~ 5.8 倍。尾柄长为尾柄高 1.1 ~ 1.5 倍。

● 身体细长，略呈圆柱状，稍侧扁。头端部钝尖。吻较长。身体乳白色，略带浅黄色，有银色光泽。体被弱栉鳞；头部除吻端、两颌外，大部分被鳞。侧线完全，几乎呈直线。第一背鳍前部黑色，有时在第二背鳍鳍膜间有 4 纵行褐色斑点。尾柄短。尾鳍后缘浅凹形，上、下叶末端灰黑色；其余鳍透明。

分布范围： 分布于印度洋和西太平洋；中国沿海均产。

生活习性： 暖水性沿海底层小型鱼类，栖息于水深 20 ~ 60 m，底质为沙泥、沙砾的海域。性胆小，易受惊吓，且会潜入沙中躲藏。产浮性卵，产卵期 6—9 月。

资源现状： 2015 年 3 月被 IUCN 红色名录评估为“无危物种”。

鱼趣贴士： 多鳞鱚是在北方常被叫作“沙丁鱼”但又不是真正沙丁鱼的鱼类，其价格高出沙丁鱼类一倍。多鳞鱚很好分辨，此鱼虽然小，但刺不多，肉质细嫩，味道很好，清蒸、香煎都不错。其背部是黄色的，因为它常钻沙，这是保护色，它是近岸底栖鱼，头部尖扁，适合钻沙。

照片来源： 庄龙传，摄于 2019 年 8 月。

生物特征

分类：鲈形目鱚科鱚属

体长：可达 30 cm

分布：中国沿海均产

食性：摄食多毛类、小虾蛄、海蛇尾等底栖动物，也摄食桡足类、端足类

黄条鰤 *Seriola aureovittata*

分类地位： 鲈形目鲹科鰤属。

形态特征： ● 背鳍Ⅰ，Ⅵ，Ⅰ-31～33；臀鳍Ⅱ，Ⅰ-20～22；胸鳍20～22；腹鳍Ⅰ-5。侧线鳞170～177。鳃耙9～10+19～20。体长为体高3.3～3.7倍，为头长3.8～3.9倍。头长为吻长2.7～2.9倍，为眼径5.2～6.3倍，为眼间距2.9～3.8倍。尾柄长为尾柄高2.2～2.5倍。

● 体延长，侧扁，背缘微隆起；最大体高在第二背鳍起点附近；尾柄短小，两侧各有一隆起脊。鼻孔小，每侧2个，长形，很接近，位于吻部中间，前鼻孔有瓣。口前位，两颌约等长。鳃孔大。鳃耙细长。体被小圆鳞。背部亮青蓝色，腹部灰白色。从吻部经眼至尾柄有一黄色纵带。腹鳍黄色。其余各鳍棕色，边缘黄色。

分布范围： 广泛分布于全球亚热带－温带海域；在中国主要分布于渤海和黄海。

生活习性： 洄游性中上层经济鱼类。喜栖息于漂浮物阴影下，鱼群小，产量少。产浮性卵，产卵期5—6月。

资源现状： 被IUCN红色名录列为“未予评估”。

鱼趣贴士： 黄条鰤身体两侧各有一条显眼的纵贯头尾的黄色条带，因此得名。又因其体格强壮，犹如健牛一般，所以在黄、渤海沿岸地区又名“黄健牛”。黄条鰤肉质鲜嫩、肉味鲜美、营养丰富，属于名贵海产鱼类；又因该鱼具有生长快、品质优、市场好、适合加工等优点，已在国内外成为海水养殖的优良品种。

照片来源： 庄龙传，摄于2020年10月。

黄条鰤 *Seriola aureovittata*

生物特征

分类：鲈形目鲹科鰤属

体长：可达 100 cm 以上

白姑鱼 *Pennahia argentata*

分类地位： 鲈形目石首鱼科白姑鱼属。

形态特征： ● 背鳍Ⅹ，Ⅰ－25 ～ 27；臀鳍Ⅱ－7；腹鳍Ⅰ－5；胸鳍 16 ～ 17。鳃耙 5 ～ 7＋9 ～ 11。体长为体高 3.0 ～ 3.3 倍，为头长 3.1 倍。头长为吻长 3.9 ～ 4.7 倍，为眼径 3.4 ～ 3.8 倍，为眼间距 3.2 ～ 3.9 倍。尾柄长为尾柄高 2.8 倍。

● 体延长，侧扁，背、腹缘略呈弧形。口裂大，吻不突出，上颌与下颌等长，上颌牙细小，排列成带状向后弯曲，下颌牙两行，内侧牙较大、锥形，排列稀疏。吻缘孔 5 个，颏孔 6 个，无颏须。吻端、眼周围及颊部被圆鳞，体被栉鳞，鳞片大而疏松。体侧灰褐色，腹部银白色。尾鳍楔形，胸鳍及尾鳍均呈淡黄色。

分布范围： 分布于西太平洋和印度洋；中国沿海均产。

生活习性： 温水性近海底层小型鱼类，栖息于水深 30 ～ 100 m 的泥沙底质海区。产卵期 6—9 月。

资源现状： 被 IUCN 红色名录列为“未予评估”。

鱼趣贴士： 由于自身白亮的体色，此鱼被命名为“白姑鱼”。产卵期，为了吸引异性，白姑鱼利用鳔壁肌肉压迫鳔内气体发出声音。雌鱼叫声似高压锅上压阀喷气时发出“哧哧”声；雄鱼像青蛙发出连续不断“咕咕”鸣叫声。

照片来源： 庄龙传，摄于 2019 年 9 月。

白姑鱼 *Pennahia argentata*

生物特征

分类：鲈形目石首鱼科白姑鱼属

体长：可达 25 cm

分布：中国沿海均产

食性：主要食物为虾类和小型鱼类

黄姑鱼 *Nibea albiflora*

分类地位： 鲈形目石首鱼科黄姑鱼属。

形态特征： ● 背鳍 X-Ⅰ-28 ~ 30；臀鳍 Ⅱ-7；胸鳍 17；腹鳍 Ⅰ-5。侧线鳞 51 ~ 53。鳃耙 6 + 11。体长为体高 3.3 ~ 3.8 倍，为头长 3.2 ~ 3.5 倍。头长为吻长 3.4 ~ 3.8 倍，为眼径 4.7 ~ 5.8 倍。

● 体延长，侧扁。头中大，稍尖突。吻短钝，吻端具小孔 4 个。眼中大。眼间隔宽凸。口中大，亚前位。上颌牙细小，外行牙较大；下颌内行牙较大，犁骨、腭骨均无牙。颏部具 5 小孔，中间小孔无皮突。体及头的后部被栉鳞。侧线发达。背鳍连续，第二、第三鳍棘最长。臀鳍第二鳍棘粗大，约为眼径 2.2 倍。胸鳍尖长。尾鳍楔形。鳔大，前端圆形，两侧不突出成短囊，鳔侧具侧肢 22 对。背侧灰橙色，腹面银白色，背侧有许多灰色波状条纹，斜向前下方，不与侧线下方条纹连续。胸鳍、腹鳍及臀鳍橙黄色。

分布范围： 分布于西北太平洋；中国沿海均产。

生活习性： 暖温性近海中下层鱼类，栖息于水深 70 ~ 80 m，泥沙底质海域。具明显季节洄游习性，鳔具有发声能力，生殖鱼群更为明显。产卵期 5—6 月。

资源现状： 2016 年 6 月被 IUCN 红色名录评估为“无危物种”。

鱼趣贴士： ● 黄姑鱼表现出明显的性别二型性，即雌鱼比雄鱼生长速度快，体重大。在 15 个月龄时，雌鱼的体重约是雄鱼的 1.3 倍。这种性别二型性对养殖业有重要的影响，因为雌鱼具有更高的经济价值。黄姑鱼的性别无法通过外部形态特征来区分，只能通过解剖检查性腺来确定。通过分子遗传技术，研究人员发现了一种位于 Dmrt1 基因内含子中的雄性特异性 DNA 标记，可以用于快速鉴定黄姑鱼的遗传性别。此外，该标记还表明黄姑鱼采用了雌性同型和雄性异型的 XX/XY 性染色体系统。

● 黄姑鱼的养殖受到了全球气候变化的影响，冬季的低温和饥饿应激导致了死亡率的增加。研究人员通过对黄姑鱼进行不同的低温和饥饿处理，发现这些应激对黄姑鱼的生长性能、肝脏损伤和免疫反应有显著的影响。低温和饥饿应激降低了黄姑鱼的体重、肝脏功能和抗氧化酶活性，增加了血清皮质醇水平和免疫相关基因的表达。

照片来源： 庄龙传，摄于 2018 年 11 月。

黄姑鱼 *Nibea albiflora*

生物特征

分类：鲈形目石首鱼科黄姑鱼属

体长：可达 40 cm

分布：中国沿海均产

食性：以小型甲壳类及小鱼等底栖动物为食

小黄鱼 *Larimichthys polyactis*

分类地位： 鲈形目石首鱼科黄鱼属。

形态特征： ● 背鳍Ⅸ～Ⅹ，Ⅰ-33～34；臀鳍Ⅱ-10～13；胸鳍15～16；腹鳍Ⅰ-5。侧线鳞58～60。鳃耙10+17～20。脊椎骨28～30。体长为体高3.7～3.8倍，为头长3.4倍。头长为吻长3.7～4.2倍，为眼径4.9～5.0倍，为眼间距3.2～3.4倍。尾柄长为尾柄高2.1～2.4倍。

● 身体延长而侧扁。有6个颜孔，细小，不明显。耳石略呈盾形。头部及身体前部被圆鳞，身体后部被栉鳞，体侧下部各鳞片常有1个金黄色腺体。鳔大。背鳍连续，鳍棘部与鳍条部之间有1个凹刻。尾鳍尖而长，稍呈楔形。体侧上半部为黄褐色，下半部和腹部金黄色。背鳍黄褐色，胸鳍浅黄褐色，腹鳍和臀鳍金黄色，尾鳍黄褐色。

分布范围： 广泛分布于西北太平洋；在中国分布于渤海、黄海和东海。

生活习性： 温水性底层集群洄游鱼类。冬季在深海越冬，春季向沿岸洄游，3—6月产卵，秋末返回深海。

资源现状： 2016年6月被IUCN红色名录评估为“无危物种”。

鱼趣贴士： 关于小黄鱼的种群问题，从20世纪50年代至今一直存在争议，不同的研究方法或者同一类方法得出了不同的结论。有的学者认为小黄鱼可分为4个种群，有的学者认为可分为3个种群，有的学者认为可分为2个种群，甚至有的学者认为没有明显的地理种群结构。这些分歧主要集中在黄海南部和东海群体间的关联性上，是小黄鱼种群研究中有待解决的关键环节。寄生虫标志法和钙质结构元素指纹法是两种有效的种群判别方法，前者利用寄生虫的感染差异，后者利用钙质组织的元素含量差异，均能反映小黄鱼的生活史特征。

照片来源： 庄龙传，摄于2020年12月。

生物特征

分类：鲈形目石首鱼科黄鱼属

体长：可达 25 cm

分布：在中国分布于渤海、黄海和东海

食性：以小鱼、甲壳动物等底栖动物为食

黑棘鲷 *Acanthopagrus schlegelii*

分类地位： 鲈形目鲷科棘鲷属。

形态特征： • 背鳍Ⅺ-11；臀鳍Ⅲ-8；胸鳍 15；腹鳍Ⅰ-5；尾鳍 17。侧线鳞 53 ~ 55。鳃耙 6 ~ 7 + 8 ~ 9。脊椎骨 24。体长为体高 2.6 倍，为头长 3.4 倍。头长为吻长 3.4 倍，为眼径 5.2 倍，为眼间距 3 倍。尾柄长为尾柄高 1.5 倍。

• 体椭圆形，侧扁。吻尖。上、下颌等长，上颌骨后端伸达眼前缘下方。上、下颌前端具犬齿，两侧具臼齿；犁骨、腭骨及舌上均无牙。鳃盖骨后端具一扁平钝棘。体被中大弱栉鳞。背鳍及臀鳍鳍棘部具发达鳞鞘。侧线完全，与背缘平行。背鳍中间无缺刻，鳍棘强大。臀鳍第二鳍棘最强大。胸鳍长。腹鳍胸位。尾鳍分叉。体灰褐色，具银色光泽，头部色暗，腹部较淡。侧线起点处具一不规则黑斑，体侧具若干条褐色纵条纹，各鳍边缘黑色。

分布范围： 分布于西北太平洋；中国沿海均产。

生活习性： 暖温性中下层鱼类，栖息于水深 5 ~ 50 m，泥沙底质海域或岩礁环境。幼鱼期全为雄性，到 3 ~ 4 年生才转变为雌性。产卵期 3—5 月。

资源现状： 2009 年 12 月被 IUCN 红色名录评估为“无危物种”。

鱼趣贴士： 黑棘鲷属于自然界中的雌雄同体鱼类，其性成熟过程具有明显的性逆转现象，3 ~ 4 岁前全为雄性，而后才转变为雌性。黑棘鲷属于卵毒鱼类，其卵含毒，可免其自身及已产出的卵被其他水生动物残食，但鱼肉并无毒性。人误食鱼卵，中毒症状为恶心呕吐，急性腹泻，伴有口苦、嘴干、冷汗、脉快等症状。充分烧煮可破坏其毒素。

照片来源： 庄龙传，摄于 2019 年 12 月。

生物特征

分类：鲈形目鲷科棘鲷属

体长：可达 50 cm

分布：中国沿海均有分布

食性：以底栖甲壳动物、软体动物、多毛类和棘皮动物为食

条石鲷 *Oplegnathus fasciatus*

分类地位： 鲈形目石鲷科石鲷属。

形态特征： ● 背鳍Ⅻ-17；臀鳍Ⅲ-13 ~ 14；腹鳍Ⅰ-5；胸鳍 16 ~ 17；尾鳍 15。侧线鳞 85 ~ 94。体长为体高 1.8 ~ 2.0 倍，为头长 3.0 ~ 3.2 倍。头长为吻长 2.6 ~ 3.2 倍，为眼径 3.7 ~ 4.0 倍，为眼间距 3.2 倍。尾柄长为尾柄高 1.1 ~ 1.2 倍。

● 体短，侧扁而高，背缘深弧形，腹缘略浅；尾柄短，侧扁。头小，陡斜。吻稍尖。眼小，侧上位。眼间隔宽而隆起。鼻孔每侧 1 对，前后接近，前鼻孔圆形，外缘具鼻瓣，后鼻孔裂缝状。口小，前位，上颌骨后端不达眼前缘，仅伸达后鼻孔垂直处。上、下颌各牙与颌骨愈合，牙间隙充满石灰质，形成坚固的骨喙；腭骨无牙。鳃孔大，前鳃盖骨边缘有锯齿，鳃盖骨后缘有 1 扁棘。鳃盖条 6 条。鳃盖膜不与峡部相连。鳃耙细而短。假鳃发达，体被小栉鳞，吻部裸，颊部有鳞 23 行。背鳍与臀鳍基部有鳞鞘，其他各鳍鳍条部均有鳞。侧线完全，上侧位，略与背缘平行；前部弧形，略作波状，尾柄部平直，背鳍起点与胸鳍起点相对或稍后，棘部与鳍条部连续，其基底长于鳍条部基底，棘粗壮，短于前部鳍条。臀鳍与背鳍鳍条部同形，具 3 棘，以第二棘最粗壮。胸鳍扇形，位较低。腹鳍长于胸鳍胸位。尾鳍截形，微凹。体灰色，体侧有 7 条较宽黑色横带 : 第一条穿过眼球；第二条连接胸腹鳍与背鳍起点；第三条连接背缘与腹缘；第四条连接背鳍棘部与臀鳍棘部；第五条在两鳍鳍条部间；第六条在尾柄上下；第七条在尾鳍基部。背鳍和臀鳍鳍条部边缘及尾鳍边缘均为黑色，基部浅色。胸鳍和腹鳍黑色。

分布范围： 分布于西北太平洋沿岸、中太平洋东部和印度洋沿岸；中国沿海均产。

生活习性： 暖温性近海中上层鱼类，栖息于水深 1 ~ 10 m，多岩礁的海域。产浮性卵，产卵期 5—6 月。

资源现状： 被 IUCN 红色名录列为“未予评估”。

鱼趣贴士： 条石鲷有鹰喙般的嘴，且牙齿坚硬锋利，可以轻易地啃碎贝类坚固的外壳，独享个中美味，尤其嗜食海胆。另外，条石鲷在硬骨鱼类中智力超群，在日本的一些海洋馆经专业驯化的条石鲷能够进行“开箱放出洋娃娃”“钻圆环”“打排球”等一系列高难度驯鱼表演。

照片来源： 庄龙传，摄于 2018 年 11 月。

生物特征

分类：鲈形目石鲷科石鲷属

体长：可达 25 cm

分布：中国沿海均产

食性：牙齿坚硬，咬碎海螺、蚌类和海胆等后吞食

斑石鲷 *Oplegnathus punctatus*

分类地位： 鲈形目石鲷科石鲷属。

形态特征： ● 背鳍Ⅹ-17；臀鳍Ⅲ-11 ～ 12；胸鳍 16；腹鳍Ⅰ-5；尾鳍 17。鳃耙 6+16。体长为体高 1.2 倍，为头长 2.4 倍。头长为吻长 2.5 倍，为眼径 4.7 倍，为眼间距 3.1 倍。尾柄长为尾柄高 0.9 倍。

● 体短而高，侧扁。吻短，前端稍尖。眼小，靠近背。眼间隔微隆起。鼻孔每侧 2 个，甚接近，前鼻孔小，圆形，后缘有高的鼻瓣；后鼻孔椭圆形，大于前鼻孔，距眼甚近，前上缘有 1 低鼻瓣。口小，前位，不能伸缩。上、下颌约等长。齿与颌愈合，齿间隙充满石灰质，形成坚固的骨喙；腭骨无齿。前鳃盖骨边缘有细锯齿。鳃盖条 7 条。假鳃发达。鳃耙细短。体被栉鳞，甚细小。侧线位高，与背缘平行，近尾柄部平直。背鳍起点在胸鳍基上方与鳃盖上方后缘间，鳍棘部与鳍条部相连接，前部鳍条长，第六鳍条最长。臀鳍较小；以第二鳍棘为最长，其后部与背鳍后缘几乎垂直。胸鳍宽，位低。腹鳍约与胸鳍等长，位于胸鳍基后方。尾鳍截形。体灰白色，全身密布大小不规则的黑斑点。背鳍和臀鳍鳍条部有 2 列小黑斑点；除腹鳍黑色外，其他各鳍均为灰白色。

分布范围： 广泛分布于西太平洋和夏威夷群岛；中国沿海均产，庙岛群岛近岸多为放流个体。

生活习性： 暖温性底层中小型鱼类，常栖息于岩礁附近或泥沙底质海域。肉食性，牙齿锋利。5—7 月为产卵期，产浮性卵，孵化后仔幼鱼随着海藻漂移。

资源现状： 被 IUCN 红色名录列为“未予评估”。

鱼趣贴士： 早在 1969 年，在日本近畿大学农学院水产学系的白滨试验场，科学家就使用斑石鲷（♂）和条石鲷（♀）进行人工杂交繁殖，成功培育出杂交鱼。杂交鱼具有两种亲鱼的中间花纹和色彩，因由近畿大学培育获得，故此命名为“近鲷”。近鲷的生长性能和成活率均明显优于双亲，且肉质味道上佳，发挥了杂交种的优势，因此适于大规模养殖。

照片来源： 庄龙传，摄于 2020 年 12 月。

斑石鲷 *Oplegnathus punctatus*

生物特征

分类：鲈形目石鲷科石鲷属

体长：可达 80 cm

分布：中国沿海均产

食性：牙齿坚硬，咬碎海螺、蚌类和海胆等后吞食

云鳚 *Pholis nebulosa*

分类地位： 鲈形目锦鳚科云鳚属。

形态特征： ● 背鳍 LXXⅧ；臀鳍Ⅱ-36 ~ 39；胸鳍 15 ~ 16；腹鳍Ⅰ-1。鳃耙 3 + 11。

● 体低而延长，侧扁，似带状。头短小，侧扁。吻短，长约与眼径相等。眼小，上侧位。鼻孔小。口小，端位，口裂向上方倾斜。上颌略长于下颌，犁骨具细齿。鳃盖条 5 条。鳃孔大。具假鳃。头、体均被小圆鳞。无侧线。背鳍 1 个，低而长，全由鳍棘组成，后端与尾鳍相连。臀鳍亦低而长，后端亦与尾鳍相连。胸鳍短而圆，其长不及头长的 1/2。腹鳍退化、短小，喉位。尾鳍短而圆。体色常随环境而异，一般呈棕褐色，腹部色淡而略黄。背部和背鳍鳍膜顶端间约有 20 条白色垂直细横纹，将背缘和背鳍间隔成块状斑。体侧斑纹呈云状。胸鳍、尾鳍淡褐色，臀鳍灰白色。

分布范围： 分布于中国、朝鲜半岛、日本；在中国产于黄海北部和渤海沿岸。

生活习性： 冷温性近海底层小型鱼类，栖息于近岸水深 10 m 以内的礁石、海藻和石砾间。产聚集性卵，产卵期 11 月至翌年 1 月。

资源现状： 2009 年 2 月被 IUCN 红色名录评估为“无危物种”。

鱼趣贴士： 此鱼常将身体缠绕于大型褐藻藻体上，鱼藻色泽相似，作为拟态色，借以躲避天敌并捕食猎物。幼鱼被加工后为“面条鱼”，味鲜美；但成鱼食用价值不大，多作为养殖其他经济鱼类的饵料鱼。

照片来源： 庄龙传，摄于 2019 年 9 月。

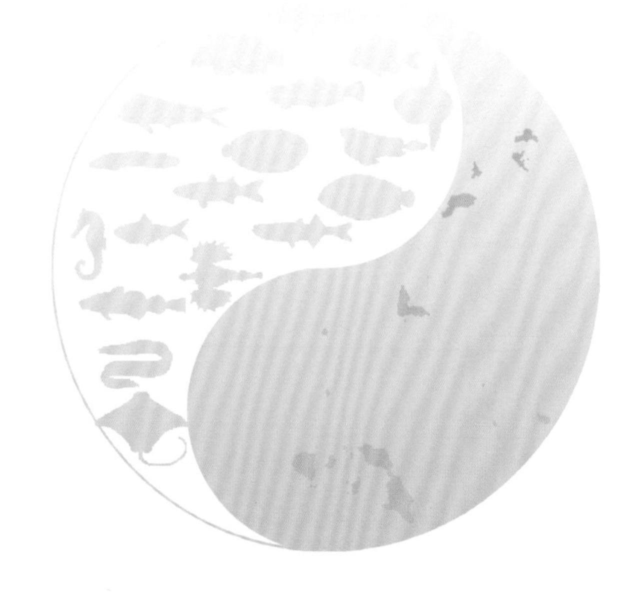

云鳚 *Pholis nebulosa*

生物特征

分类：鲈形目锦鳚科云鳚属

体长：可达 20 cm

分布：在中国产于黄海北部和渤海沿岸

食性：摄食小型虾类及浮游动物等

方氏云鳚 *Pholis fangi*

分类地位： 鲈形目锦鳚科云鳚属。

形态特征： ● 背鳍 LXXⅧ ~ LXXXI；臀鳍 Ⅱ-39 ~ 44；胸鳍 15 ~ 16；腹鳍 Ⅰ-1；尾鳍 22。鳃耙 13。体长为体高 8.8 ~ 9.8 倍，为头长 7.4 ~ 7.5 倍。头长为吻长 4.8 ~ 5.5 倍，为眼径 3.8 ~ 4.2 倍。

● 体低而延长，甚侧扁，呈带状。头短小、侧扁，无棘和皮质突起。吻短。眼小，侧上位。口小，前位。下颌稍长于上颌，犁骨具细齿。左、右鳃膜相连，与峡部分离。具假鳃。体被小圆鳞。无侧线。背鳍一个，均由鳍棘组成，末端与尾鳍基相连。腹鳍喉位，短小。尾鳍圆形。体棕褐色，腹部色淡。背上缘和背鳍有 13 ~ 14 条白色垂直细横纹，横纹两侧色较深。体侧有云状褐色斑块。自眼间隔到眼下有一黑色横纹。眼后顶部有一 V 形灰白色纹，其后为同形黑纹。胸鳍、背鳍和尾鳍棕色，臀鳍色较淡。

分布范围： 仅见于黄海及渤海近海海域，模式产地在烟台。

生活习性： 冷温性近海底层小型鱼类，栖息于近岸水深 10 m 以内的礁石、海藻和石砾间。产聚集性卵，产卵期 11 月下旬至翌年 1 月。

资源现状： 被 IUCN 红色名录列为“未予评估”。

鱼趣贴士： 与云鳚相似，方氏云鳚也常将身体缠绕于大型褐藻藻体上，鱼藻色泽相似，作为拟态色，借以躲避天敌并捕食猎物。雌鱼在产卵之后会用“抱卵”的方式保护小鱼。幼鱼被加工后为“面条鱼”，味鲜美；但成鱼食用价值不大，多作为养殖其他经济鱼类的饵料鱼。

照片来源： 庄龙传，摄于 2020 年 2 月。

方氏云鳚 *Pholis fangi*

生物特征

分类：鲈形目锦鳚科云鳚属

体长：可达 15 cm

分布：分布于黄海及渤海近海海域，常在岩礁附近的海藻丛中活动

食性：为冷温性底层鱼类，喜食小型甲壳动物

繸鳚 *Chirolophis japonicus*

分类地位： 鲈形目线鳚科繸鳚属。

形态特征： ● 背鳍 LVI ~ Ⅰ，Ⅷ；臀鳍 Ⅰ-40 ~ 42；胸鳍 14 ~ 16；腹鳍 Ⅰ-4；尾鳍 18。鳃耙 5 + 12 ~ 14。体长为体高 4.7 ~ 4.9 倍，为头长 5.1 ~ 5.8 倍。头长为吻长 5.4 ~ 5.5 倍，为眼径 4.7 ~ 5.2 倍。

● 体长形，侧扁。头小，亦侧扁，背侧微斜。吻很短，陡斜，前端钝圆。眼中等大，侧高位。鼻孔 2 个，前鼻孔有长管状突起，距唇缘近；后鼻孔很小。口中大，前位，较低。下颌稍长于上颌，上颌后端伸达瞳孔后方。上、下颌有牙各 2 行，内外行牙尖交错，致牙缘合为 1 条。头部有许多皮质突起。吻背侧中央突起 1 个。鳃孔大。鳃盖膜相连，与峡部分离。有假鳃。鳃盖条 6 条。鳃耙很短小。鳞很小，长圆形，大都埋在皮下，只后端外露。头侧、全体及大部鳍膜均有鳞。侧线很短，位胸鳍上方，很高，约有 16 个小孔，孔的前缘有皮质突起。眼上下缘、前鳃盖骨缘、下颌下方、眼上缘到侧线及头顶后缘均有 1 行小孔。背鳍 1 个，全为鳍棘，始于鳃孔背角的前方，前端 4 ~ 5 根鳍棘上端有皮质突起，第一鳍棘与第二鳍棘相距较远；后端由鳍膜与尾鳍基前上缘相连。臀鳍始于背鳍第十七鳍棘基的下方，最后鳍条与尾鳍基前下缘相连。胸鳍圆形，侧低位。腹鳍发达，喉位，相距很近。尾鳍短而圆。体橙黄色，体下白色。眼间隔有黑色纹，体两侧各有 8 个云状淡黑褐色大斑。背鳍约有 12 个淡黑色斑。臀鳍有 7 个黑色斜斑。胸鳍有黑色横宽纹。腹鳍大部黑色。尾鳍有 2 条黑色宽纹。所有皮质突起的上端及胸鳍的末端黄色。

分布范围： 分布于中国、朝鲜半岛、日本；在中国产于黄海。

生活习性： 冷温性近海底栖鱼类，栖息于水深 30 m 以内海藻丛生的岩礁性海域。产卵期在冬季。

资源现状： 被 IUCN 红色名录列为“未予评估”。

鱼趣贴士： 繸鳚以奇特的长相著称，在我国北方民间多围绕其外形命名，如小姐鱼、猴头鳚、老头鱼。在退潮的时候，这种鱼可以通过其庞大的胸鳍辅助充当“脚”来活动。此鱼生性谨慎，较难钓到。

照片来源： 庄龙传，摄于 2018 年 11 月。

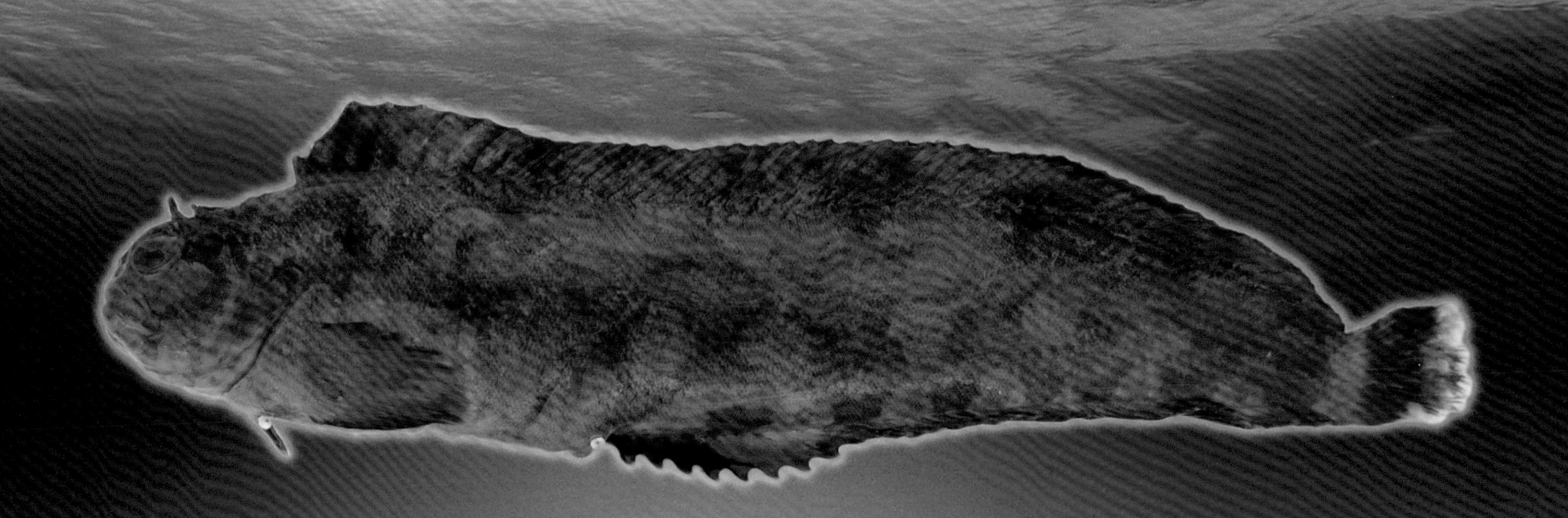

生物特征

分类：鲈形目线鳚科縫鳚属

体长：可达 55 cm

分布：在中国产于黄海

食性：主要摄食贝类等底栖生物

吉氏绵鳚 *Zoarces gillii*

分类地位： 鲈形目绵鳚科绵鳚属。

形态特征： ● 背鳍 90 ~ 94，XV ~ XX，16 ~ 25；臀鳍 94 ~ 116；胸鳍 19 ~ 20；腹鳍 3。鳃耙 5 + 14。椎骨 23 ~ 25 + 106 ~ 108 = 131 ~ 132。体长为体高 7.2 ~ 7.4 倍，为头长 5.1 ~ 5.3 倍。头长为吻长 3.2 ~ 3.4 倍，为眼径 5.4 ~ 6.0 倍，为眼间距 3.7 ~ 4.0 倍。

● 体延长，前部亚圆形，后部侧扁。头中大，宽稍大于高。吻圆钝。眼小，上侧位。两眼在头背相距较远，两眼间隔较宽，平坦或略内凹。鼻孔每侧 2 个，前鼻孔颇小，距吻端较距眼为近；后鼻孔具一短管。口大，低位，弧形。上颌稍长于下颌，上颌骨后端伸达眼后缘下方。齿尖锐，上颌齿前端 3 行，外行齿较大，中央具 1 对犬齿，侧面 2 行；下颌齿前端 2 行，侧面 1 行，最后 3 ~ 4 枚为犬齿。幼体齿较细小，犬齿不发达，上颌前方齿 2 行，侧面 1 行，犁骨及腭骨均无齿。唇发达。舌厚，圆形，前端不游离。鳃孔大。鳃盖膜与峡部相连。鳃盖条 6 条。具假鳃。鳃耙粗短。背鳍延长，始于鳃孔上方稍前，前部具 90 ~ 94 鳍条，后部近尾端处具 15 ~ 20 短小鳍棘，鳍棘部后方具 16 ~ 25 细小鳍条，与尾鳍相连。臀鳍也延长，约始于背鳍第二十一鳍条的下方，无鳍棘，具 94 ~ 116 鳍条，后端与尾鳍相连。胸鳍宽而圆形。腹鳍很小，喉位，相互接近。尾鳍短小，不显著。体灰黄色，下侧淡白。背侧具 17 ~ 19 纵行黑色斑块。体侧上半部无人字形斑纹，在侧线上下方具 15 ~ 18 个云状暗色斑块。背鳍前方第四至第七鳍条上具一黑色圆斑。眼间隔及眼后具一方形黑斑块。

分布范围： 分布于中国、朝鲜半岛、日本；在中国产于黄海和渤海。

生活习性： 冷温性近海底层鱼类，栖息于水深 40 ~ 60 m 的海区。卵胎生，生殖期 12 月至翌年 2 月。

资源现状： 被 IUCN 红色名录列为“未予评估”。

鱼趣贴士： 吉氏绵鳚为卵胎生鱼类。每年在夏末秋初时性腺成熟，分批产仔。怀胎数一般为数尾到 400 尾。仔鱼产出时与成鱼同形，仔鱼离开母体后即营底栖生活。

照片来源： 庄龙传，摄于 2018 年 11 月。

生物特征

分类：鲈形目绵鳚科绵鳚属

体长：可达 32 cm

分布：在中国产于渤海和黄海

食性：主要摄食虾类、钩虾及小型鱼类等

带鱼 *Trichiurus lepturus*

分类地位： 鲈形目带鱼科带鱼属。

形态特征： ● 背鳍 125 ~ 145；臀鳍 88 ~ 113；胸鳍 11 ~ 12。鳃耙 7 ~ 9 + 15 ~ 19。体长为体高 13.8 ~ 18.5 倍，为头长 7.9 ~ 8.5 倍。头长为吻长 2. 6 ~ 3.0 倍，为眼径 5.8 ~ 6.2 倍，为眼间距 5.4 ~ 6.9 倍。

● 体延长，侧扁，带状，尾渐细，呈鞭状。头侧扁，前端尖突。眼中大，侧上位。口大。上颌骨伸达眼的下方；下颌突出。两颌齿大而锐利；上颌前部有倒钩强大犬齿 2 对，口闭合时嵌入下颌的凹窝内；下颌前端有犬齿 2 对。犁骨、腭骨、舌上无齿。鳃盖膜分离，不与峡部相连。鳃耙短小而细。具假鳃。鳞退化。侧线完全。背鳍始于前鳃盖骨上方，与背缘几乎等长。臀鳍仅由分离小棘组成，尖端露出。胸鳍下侧位，尖短。无腹鳍。尾鳍消失。体银白色。背鳍上半部及胸鳍淡灰色，布有细小黑点。尾暗黑色。

分布范围： 分布于印度洋、太平洋和大西洋沿海；中国沿海均产。

生活习性： 暖温性集群洄游鱼类，栖息于水深 60 ~ 100 m，泥质底质的海域。喜弱光，厌强光，有昼夜垂直移动习性。产卵期长，一般以 3—5 月为盛期，其次是 9—11 月。

资源现状： 2013 年 1 月被 IUCN 红色名录评估为“无危物种”。

鱼趣贴士： 带鱼是一种常见的海洋鱼类，它们的食物范围很广，而且胃口很大，有时甚至会吞食同伴。渔民发现了带鱼的这一习性，就想出了一种巧妙的捕鱼法。他们用竹筒做成一个大浮标，下面挂着许多细绳，每条细绳的末端都有一个铁钩，钩上还挂着一条带鱼作为诱饵。当一条带鱼被钩住时，它的尾巴就会被另一条带鱼咬住，这样就形成了一串串的带鱼。渔民只要把竹筒拉上来，就可以收获一大批带鱼。这种捕鱼法既简单又高效，体现了我国渔民的智慧和创造力。

照片来源： 庄龙传，摄于 2018 年 8 月。

带鱼 *Trichiurus lepturus*

生物特征

分类：鲈形目带鱼科带鱼属

体长：可达 100 cm 以上

分布：中国沿海均产

食性：主要捕食鱼类，也食甲壳类

日本鲭 *Scomber japonicus*

分类地位： 鲈形目鲭科鲭属。

形态特征： • 背鳍Ⅸ，Ⅰ-11 ~ 12，小鳍 5；臀鳍Ⅰ，Ⅰ-11，小鳍 5；胸鳍 19；腹鳍Ⅰ-5；尾鳍 17。侧线鳞 205 ~ 220。鳃耙 13 ~ 14 + 26 ~ 28。体长为体高 4.2 ~ 5.8 倍，为头长 3.5 ~ 3.7 倍。头长为吻长 2.9 ~ 3.2 倍，为眼径 3.5 ~ 4.2 倍。

• 体粗壮，纺锤形，稍侧扁。头中大，圆锥形。吻稍尖，吻长大于眼径。眼大，上侧位，脂眼睑发达。鼻孔每侧 2 个。口大。上颌骨被眶前骨遮盖，后端伸达眼中部下方。上、下颌等长，各有 1 列细牙，犁骨及腭骨有牙，舌面光滑。前鳃盖骨及鳃盖骨后缘均光滑。鳃盖膜分离，不与峡部相连。鳃耙细长，稍短于眼径。体被细小圆鳞，胸部鳞片较大。头部除后头部、颊部、鳃盖部被鳞外，余均裸露。侧线完全，上侧位，呈波状沿体侧上半部向后伸达尾鳍基。背鳍 2 个，分离；第一背鳍有 9 个细弱鳍棘，第二鳍棘最长；第二背鳍起点在臀鳍起点的前上方，与臀鳍同形，后方有 5 个小鳍。臀鳍起点在第二背鳍第六鳍条下方，前方有 1 个独立的小棘，后方有 5 个小鳍。胸鳍短，上侧位，三角形。腹鳍胸位；腹鳍有间突 1 个，甚小，鳞片状。尾鳍深叉，基部每侧各有 2 条小隆起嵴。体背青绿色，腹部银白色微黄，头顶部黑色。体背侧有深蓝色不规则斑纹，斑纹延续至侧线下方，但不伸达腹部；侧线下部无蓝黑色小圆斑。背鳍、胸鳍和尾鳍灰褐色。

分布范围： 分布于印度洋和西太平洋；中国沿海均产。

生活习性： 暖温性大洋中上层鱼类，春夏季多栖息于中上层，活动在温跃层以上，生殖季节常结成大群到水面活动。夜间趋光性强，有昼夜垂直移动习性。产卵期 3—6 月。

资源现状： 2009 年 12 月被 IUCN 红色名录评估为“无危物种”。

鱼趣贴士： 日本鲭的肌肉组胺酸含量较高，夏季易腐，保藏不善极易分解产生组胺，食后会引起过敏性食物中毒，一般 18 ~ 24 h 后可自愈，给抗组胺药物治疗可加速康复，无死亡。由于在沿海地区因食不新鲜日本鲭引起过敏性食物中毒每年常有发生，必须加强食品卫生工作，做好水产品的保质保鲜。

照片来源： 庄龙传，摄于 2018 年 11 月。

生物特征

分类：鲈形目鲭科鲭属

体长：可达 40 cm

分布：中国近海均产

食性：摄食浮游甲壳动物和小型鱼类

蓝点马鲛 *Scomberomorus niphonius*

分类地位： 鲈形目鲭科马鲛属。

形态特征：
- 背鳍XIX ~ XX，15 ~ 16，小鳍9；臀鳍15 ~ 16，小鳍8 ~ 9；胸鳍21；腹鳍Ⅰ-5；尾鳍20。鳃耙3 ~ 4 + 9 ~ 10。体长为体高5.1 ~ 5.7倍，为头长4.4 ~ 5.3倍。头长为吻长2.6 ~ 2.9倍，为眼径5.6 ~ 6.6倍，为眼间距3.0 ~ 3.8倍。尾柄长为尾柄高6.4 ~ 7.6倍。
- 身体延长而侧扁。吻尖而长。尾柄细，尾鳍叉形，尾鳍基两侧各有3个隆起。身体背部铅蓝色，带黄绿色光泽，腹部银白色，体侧有多列斑点。体被细小的圆鳞，易脱落。侧线完全。第一背鳍及第二背鳍前部鳍条末端黑色，其余鳍灰色或深灰色。第一背鳍鳍棘细弱，部分可收折于背部浅沟内；第二背鳍与臀鳍形状相同，其后各有8 ~ 9个小鳍。

分布范围： 广泛分布于印度－西太平洋；在中国分布于渤海、黄海和东海。

生活习性： 暖温性中上层鱼类。主要以小鱼、甲壳动物为食。每年春初水温回升时，从深海陆续分批向沿海港湾做生殖洄游，产浮性卵。入秋后水温下降，鱼群又由北往南洄游，在外海越冬，黄、渤海种群越冬场位于沙外渔场和江外渔场，东海种群越冬场位于浙闽外海。

资源现状： 2009年12月被IUCN红色名录评估为“数据缺乏”。

鱼趣贴士： 民间有“山有鹧鸪獐，海里马鲛鲳”的赞誉。在胶东半岛，人们更把马鲛鱼（当地俗称鲅鱼）肉做成馅儿包水饺吃，即是胶东半岛传统名吃——鲅鱼水饺。而在青岛等地流传着“鲅鱼跳，丈人笑”的俗语，即每年蓝点马鲛最肥美的初春时节，女婿会精心挑选几条孝敬岳父、岳母。这一传统习俗已被确定为青岛市非物质文化遗产。蓝点马鲛性成熟早，因此其资源具有较强的恢复能力，但雌雄鱼性成熟年龄差异较大，一般雄鱼1龄时绝大部分达性成熟，2龄时全部成熟；雌鱼1龄时仅少部分成熟，2龄时绝大部分成熟，3龄时全部性成熟。但由于捕捞强度过大、过量捕捞产卵亲体、大量损害幼鱼等原因，资源量呈逐年衰退趋势。为了确保胶东百姓的“鲅鱼水饺自由”，渔业学家建议采取控制捕捞强度、实行产卵期保护和最小网目尺寸标准、限制可补规格和幼鱼比例等措施综合管理。

照片来源： 庄龙传，摄于2020年12月。

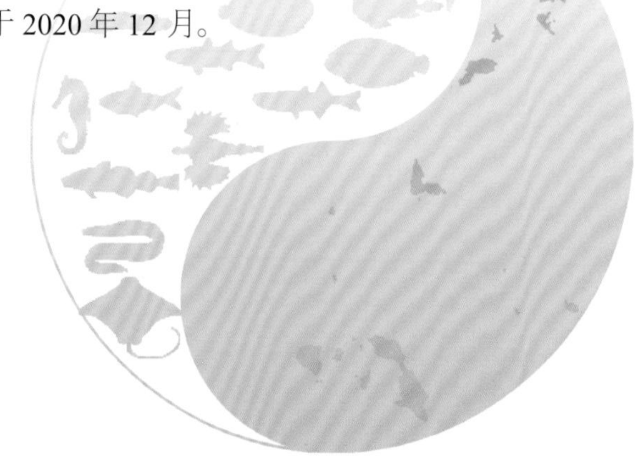

蓝点马鲛 *Scomberomorus niphonius*

生物特征

分类：鲈形目鲭科马鲛属

体长：可达 110 cm

分布：在中国分布于渤海、黄海和东海

食性：主要以小鱼、甲壳动物为食

银鲳 *Pampus argenteus*

分类地位： 鲈形目鲳科鲳属。

形态特征： ● 背鳍Ⅹ-38 ~ 43；臀鳍Ⅶ ~ Ⅷ-41 ~ 43；胸鳍23；尾鳍17。体长为体高1.5 ~ 1.8倍，为头长4.5 ~ 5.1倍。头长为吻长3.9 ~ 4.4倍，为眼径3.9 ~ 4.4倍，为眼间距2.5 ~ 3.0倍。

● 体高而侧扁。头较小。吻短钝。口小，亚前位，成鱼的口微近腹面。吻及上颌突出，长于下颌。两颌各具细牙1行，具3峰；犁骨、腭骨及舌上均无牙。鳃盖膜与峡部相连。体被细小圆鳞。侧线完全。头部后上方侧线管的横枕管丛和背分支丛后缘圆形；腹分支丛向后伸达胸鳍1/3处上方。背鳍和臀鳍后缘镰刀状。无腹鳍。尾鳍深叉形，下叶较上叶长。椎骨39 ~ 42个。体背侧青灰色，腹部银白色，各鳍浅灰色。

分布范围： 分布于中国、朝鲜半岛、日本、印度尼西亚；中国沿海均产。

生活习性： 暖温性近海中上层鱼类，栖息于水深30 ~ 70 m，沙泥底质海域。喜在阴影中集群。产浮性卵，产卵期5—8月。

资源现状： 被IUCN红色名录列为“未予评估”。

鱼趣贴士： 银鲳是我国的主要经济鱼种之一，曾与大黄鱼、带鱼以及乌贼一起，被称为“四大海产鱼类”。其肉质洁白、细嫩、少刺。银鲳的人工繁养面临着一些困难，主要包括：亲本选育缺乏科学依据，很多孵化场仍然使用野生亲鱼，导致人工繁殖的品质不稳定；仔稚鱼对环境条件要求较高，需要在室内养殖并控制光照、温度、盐度、溶解氧等水质参数，否则容易发生应激反应和死亡；仔稚鱼对饵料的适应性较差，需要提供合适的活饵料，如轮虫、枝角类等，以保证其生长和存活。仔稚鱼容易发生疾病，如白点病、鳃炎、肝脏病等，需要加强防治措施，如定期换水、消毒、投药等。浙江宁波在国内外首次人工繁殖银鲳成功。

照片来源： 庄龙传，摄于2019年10月。

银鲳 ***Pampus argenteus***

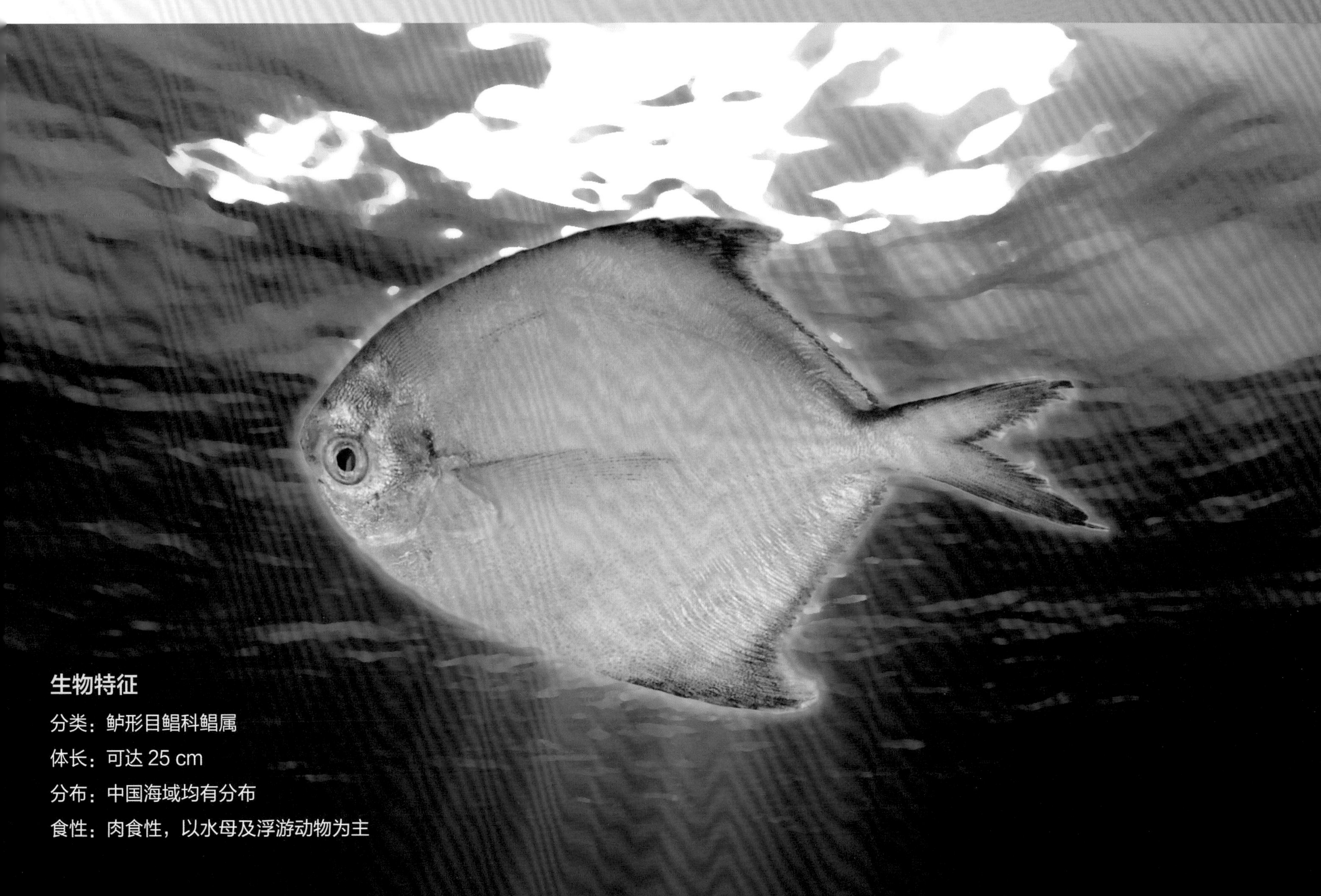

生物特征

分类：鲈形目鲳科鲳属

体长：可达 25 cm

分布：中国海域均有分布

食性：肉食性，以水母及浮游动物为主

髭缟虾虎鱼 *Tridentiger barbatus*

分类地位： 鲈形目虾虎鱼科缟虾虎鱼属。

形态特征： ● 背鳍Ⅵ，11；臀鳍 10 ~ 11；腹鳍Ⅰ-5；胸鳍 22 ~ 24。体长为体高 4.6 ~ 5.0 倍，为头长 3.6 ~ 3.8 倍。头长为吻长 3.9 ~ 4.3 倍，为眼径 5.8 ~ 6.4 倍，为眼间距 4.1 ~ 4.7 倍。尾柄长为尾柄高 1.3 ~ 1.5 倍。

● 体延长，躯干前部圆筒形，后部较侧扁。头大，平扁。吻短。口端位，唇颇厚。眼小，上侧位。头部侧面和腹面有须，穗状排列，吻端具须 1 行，下颌具须 2 行。上下颌各具牙 2 行，外行牙三叉形，内行牙不分叉。体被栉鳞，项部和腹部被小圆鳞。头部和胸部无鳞。无侧线。纵列鳞 34 ~ 36 枚。背鳍 2 个。臀鳍与第二背鳍同形。腹鳍胸位，愈合呈吸盘状。胸鳍宽大。尾鳍后缘圆弧形。体灰褐色，具宽大黑色横纹 5 条，头部和尾柄各 1 条，其余 3 条位于躯干部。腹鳍浅色，其余各鳍灰黑色。

分布范围： 分布于西北太平洋沿岸，中国、朝鲜半岛、日本、菲律宾均有分布；中国沿海均产。

生活习性： 暖水性近海底层小型鱼类，栖息于河口泥质底质的咸、淡水水域，退潮后常见于水洼及岩石间隙水中。产沉性黏性附着性卵，产卵期 5—9 月。

资源现状： 被 IUCN 红色名录列为“未予评估”。

鱼趣贴士： 髭缟虾虎鱼过去又被命名为“钟馗虾虎鱼”，因满脸“络腮胡子”与钟馗天师形象相似而得名。

照片来源： 庄龙传，摄于 2018 年 11 月。

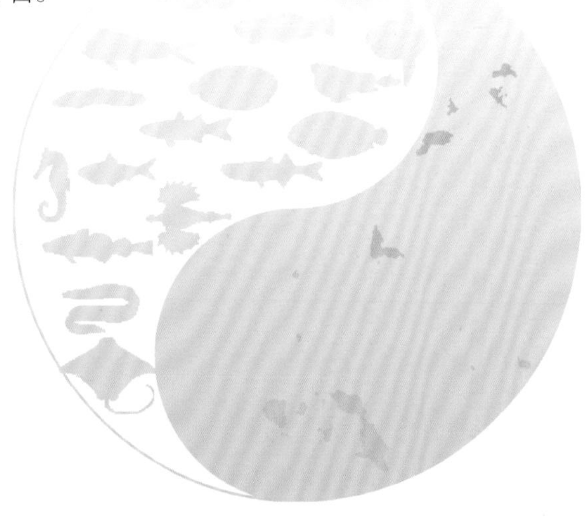

生物特征

分类：鲈形目虾虎鱼科缟虾虎鱼属

体长：可达 12 cm

分布：中国沿海均产

食性：摄食小型虾类、蟹类

纹缟虾虎鱼 *Tridentiger trigonocephalus*

分类地位： 鲈形目虾虎鱼科缟虾虎鱼属。

形态特征： • 背鳍Ⅵ，13；臀鳍 11；胸鳍 19 ~ 20；腹鳍Ⅰ-5；尾鳍 16。纵列鳞 50 ~ 57；横列鳞 14 ~ 18。鳃耙 4 + 8。体长为体高 4.1 ~ 5.3 倍，为头长 3.3 ~ 3.8 倍。头长为吻长 4.0 ~ 4.8 倍，为眼径 5.0 ~ 5.8 倍，为眼间距 4.5 ~ 5.8 倍。

• 体粗壮，前部略呈圆柱形，后部侧扁。尾柄颇高，雄鱼的尤高。头部宽，略平扁，两颊凸出，肌肉发达。吻部短，前端钝圆。眼小，位高，背侧位，短于吻长。眼间隔平坦，与眼径相等或稍宽。口稍呈斜形。两颌略等长，上颌后端伸达眼后缘的下方或稍前。鳃耙短，钝尖形。背鳍两个。臀鳍起于第二背鳍第三鳍条的下方，与第二背鳍等高或稍低，平放时，二者后端均不达尾鳍基部。胸鳍宽圆，长于腹鳍及尾鳍。腹鳍宽，呈圆盘状，膜稍厚。尾鳍后端圆形，上下各有短细副鳍条 5 ~ 10 条。体灰褐色或褐色。通常两侧均各有 2 条褐色纵带：上带自吻端经眼上部，沿背鳍基底下方向后延伸至尾鳍基部上方；下带起自眼后，经颊部至胸鳍基上方，再向后沿体中部延伸至尾鳍基部中央；二带后端终止处均在尾鳍基部形成一黑斑。体侧的花纹变化较大：有些除 2 条纵带外，尚有不规则横带 6 ~ 7 条；有些仅有横带而无纵带；有些仅有纵带；亦有各带均不明显，而仅有云状斑纹；两颊有时有淡色小点。各背鳍有时全呈暗色，有时仅边缘呈暗色，各鳍棘常有暗色斑点 4 个。第二背鳍有时呈暗色，有时有斜点列，有时有淡色边缘，第一鳍条有暗色点 3 ~ 4 个。臀鳍色暗，边缘色淡。胸鳍及腹鳍色淡。

分布范围： 分布于中国、朝鲜半岛、日本；中国沿海均产。

生活习性： 暖温性近岸底层鱼类，栖息于河口泥质底质的咸、淡水水域和浅海有礁石的潮间带，退潮后常见于泥滩及石洼存水处。产沉性黏性卵，产卵期 4—7 月。

资源现状： 2020 年 8 月被 IUCN 红色名录评估为“无危物种”。

鱼趣贴士： 纹缟虾虎鱼是对虾的敌害生物，但由于纹缟虾虎鱼体型较小，只能捕食弱小虾苗，虾苗长大到它无法摄食的大小以后，纹缟虾虎鱼就只能摄食其他的生物和水中的碎屑，这时它的存在反而有利于虾池底质和水质的净化。可以说，纹缟虾虎鱼和对虾是“亦敌亦友”的关系。另外，纹缟虾虎鱼体色善变，体型粗短可爱，具有一定观赏价值，但因其生性凶猛好斗常常不得不与其他水族分箱。

照片来源： 庄龙传，摄于 2019 年 4 月。

生物特征

分类：鲈形目虾虎鱼科缟虾虎鱼属

体长：可达 10 cm

分布：中国沿海均产，可进入咸淡水

食性：主要摄食体型较小的仔鱼、钩虾、枝角类及水生昆虫等

五带高鳍虾虎鱼 *Pterogobius zacalles*

分类地位： 鲈形目虾虎鱼科高鳍虾虎鱼属。

形态特征： ● 背鳍Ⅷ，Ⅰ-24 ~ 26；臀鳍 Ⅰ-20；胸鳍 24；腹鳍 Ⅰ-5；尾鳍 14。纵列鳞 82 ~ 96；横列鳞 32 ~ 36。体长为体高 5.2 ~ 6.8 倍，为头长 3.7 ~ 4.2 倍。头长为吻长 3.0 ~ 3.7 倍，为眼径 4.0 ~ 4.6 倍。

● 体延长，前部亚圆筒形，后部侧扁。头中大。吻宽短，圆钝。眼中大，上侧位。口小，前位。两颌约等长。体被小栉鳞；颊部无鳞，鳃盖上部被小圆鳞，项部具小圆鳞。背鳍 2 个，稍分离，中以鳍膜相连。胸鳍圆形，上方有 3 ~ 4 条颇短的游离鳍条。左右腹鳍愈合成一长圆形吸盘。体灰黑色，双侧均有 5 条黑褐色宽横带，各横带间的距离几乎相等。背鳍、臀鳍、尾鳍均镶有黑色边缘。

分布范围： 分布于中国、朝鲜半岛、日本；在中国分布于长岛、辽宁。

生活习性： 暖温性底层小型鱼类，栖息于近岸滩涂及水深 5 ~ 30 m 的岩礁海域。

资源现状： 被 IUCN 红色名录列为“未予评估”。

鱼趣贴士： 五带高鳍虾虎鱼体色优美，性格温顺，是可以提升水族箱观赏性的常见鱼种，具有较好的观赏价值。

照片来源： 庄龙传，摄于 2018 年 11 月。

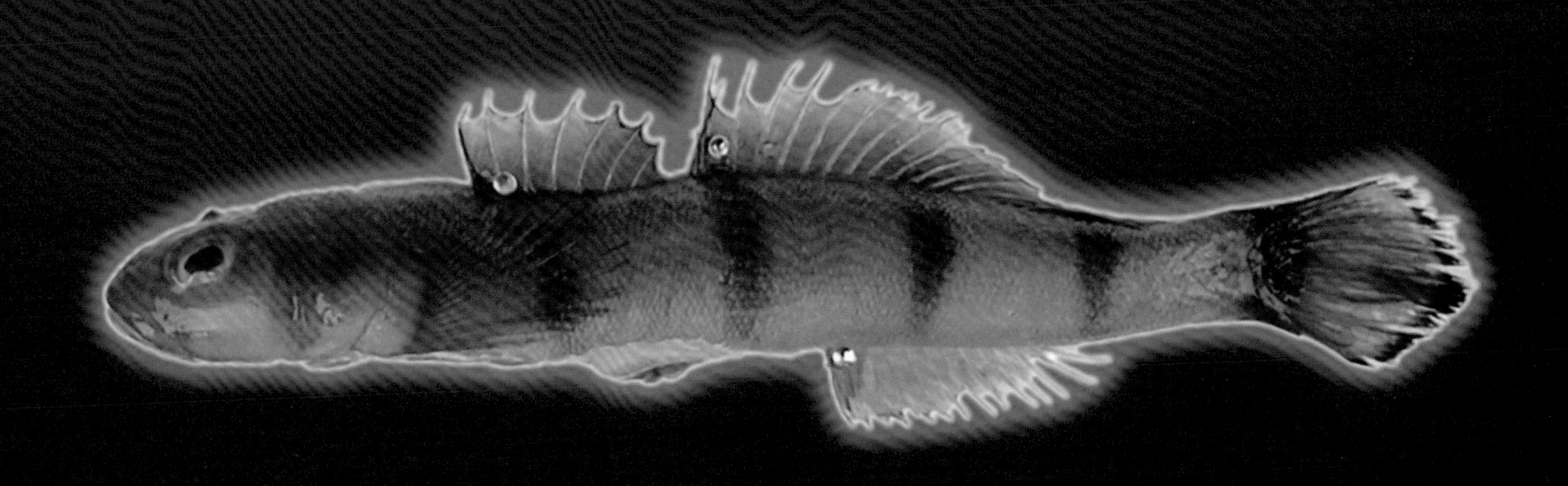

生物特征

分类：鲈形目虾虎鱼科高鳍虾虎鱼属

体长：可达 12 cm

分布：在中国分布于长岛、辽宁

食性：生活于岩礁区海岸，摄食底栖无脊椎动物

矛尾虾虎鱼 *Chaeturichthys stigmatias*

分类地位： 鲈形目虾虎鱼科矛尾虾虎鱼属。

形态特征： ● 背鳍Ⅷ-21 ~ 22；臀鳍 19 ~ 20；胸鳍 21 ~ 23；腹鳍Ⅰ-5。纵列鳞 45 ~ 50；横列鳞 14 ~ 15。体长为体高 6.1 ~ 7.7 倍，为头长 3.5 ~ 4.4 倍。头长为吻长 2.9 ~ 3.6 倍，为眼径 4.4 ~ 5.7 倍，为眼间距 5.4 ~ 6.8 倍。

● 体颇细长，前部亚圆筒形，后部侧扁，渐细。头大，长而稍扁。吻中长，圆钝。眼小，上侧位，眼间隔平坦，稍大于眼径。口宽大，斜裂。下颌稍突出，上颌骨后延伸达眼中部下方。舌宽圆，舌端游离。口腔白色。牙细尖，上、下颌各具牙 2 行，外行牙较大，犬牙状，弯向内方；犁骨、腭骨及舌上均无牙。鼻孔 2 个，前鼻孔具一短管，近吻端，后鼻孔近眼。颏部常具短小触须 3 对，有时 4 对。鳃孔大，延向前方。峡部狭窄，鳃盖膜与峡部相连。鳃盖条 7 条。假鳃存在。体被圆鳞，后部较大；颊部、鳃盖及项部均被小圆鳞。背鳍 2 个，分离。第一背鳍始于胸鳍基底上方，具 8 根鳍棘，较短，平放时不伸达第二背鳍起点；第二背鳍具 21 ~ 22 根鳍条，后部鳍条较长，平放时几达尾基。臀鳍基底长，具 19 ~ 20 根鳍条，始于第二背鳍第四鳍条下方，平放时不伸达尾基。胸鳍宽圆，等于或稍短于头长。腹鳍愈合，圆盘状。尾鳍尖长，大于头长。体腔中大，腹膜淡黑色。消化管在腹腔内作二次弯曲，小于体长，不伸达肛门。体黄褐色，背面、吻部、眼间隔、颊部及项部均具不规则暗色斑纹。第一背鳍第 5 ~ 8 鳍棘间具一大黑斑，第二背鳍具暗褐色斑点 3 ~ 4 纵行；尾鳍具暗褐色斑纹 4 ~ 5 横行；臀鳍后半部灰色；胸鳍灰色，具暗褐色斑纹；腹鳍淡褐色。

分布范围： 分布于中国、朝鲜半岛、日本；中国沿海均产。

生活习性： 暖温性近海底层小型鱼类，栖息于河口咸淡水滩涂淤泥底质水域，也栖息于水深 60 ~ 90 m，沙泥底质的海域。产沉性卵，产卵期 3—5 月。

资源现状： 被 IUCN 红色名录列为“未予评估”。

鱼趣贴士： 生态防病是利用生物群落之间相互作用，保持虾池内生态系的平衡，从而起到防病之目的。适量混养肉食性鱼类，特别是当年生的矛尾虾虎鱼，它们捕食健康虾的能力差，主要捕食一些活动力差的病、弱虾，从而阻止了虾病的传播，起到了防治对虾流行病之作用。

照片来源： 庄龙传，摄于 2018 年 12 月。

矛尾虾虎鱼 *Chaeturichthys stigmatias*

生物特征

分类：鲈形目虾虎鱼科矛尾虾虎鱼属

体长：可达 20 cm

分布：中国沿海均产

食性：主要以虾类为食

长丝虾虎鱼 *Cryptocentrus filifer*

分类地位： 鲈形目虾虎鱼科丝虾虎鱼属。

形态特征： • 背鳍Ⅵ，11；臀鳍 10；胸鳍 28；腹鳍 Ⅰ-5。纵列鳞 95 ～ 103；横列鳞 35 ～ 40。鳃耙 3 + 12。体长为体高 5.1 ～ 6.1 倍，为头长 3.1 ～ 3.5 倍。头长为吻长 4.1 ～ 4.7 倍，为眼径 4.1 ～ 4.8 倍，为眼间距 10 ～ 12 倍。

• 体延长，侧扁。头侧扁，头高大于头宽。吻短而圆钝，小于眼径。眼大，上侧位。眼间隔颇狭，稍隆起。口大，斜裂。上、下颌约等长，上颌骨后延伸达眼后缘的下方。鳃孔宽大，峡部颇狭，鳃盖膜连于峡部。鳃盖条 5 条。假鳃存在。鳃耙短而细弱。体被小圆鳞，后部鳞较前部为大，均埋于皮下；头部无鳞。背鳍 2 个，分离。第一背鳍甚高，具 6 根鳍棘，均延长呈丝状，第三鳍棘最长，平放时可伸达第二背鳍中部；第二背鳍较低，具 11 根鳍条，后部鳍条较长，伸达尾基。臀鳍始于第二背鳍第三鳍条下方，具 10 根鳍条，后部鳍条较长，伸达尾基。胸鳍宽而圆形。腹鳍较长，圆形，吸盘状。尾鳍尖，末端圆。体腔较大，腹膜浅灰色。体红褐色，腹部较淡，体侧具暗褐色横带 5 ～ 6 条。前鳃盖骨及鳃盖骨具小蓝色圆斑多个。第一背鳍第一鳍棘与第二鳍棘之间近基部处具一椭圆形黑斑，第二背鳍具 2 纵列暗色斑纹；臀鳍灰黑色；腹鳍内侧两鳍条灰黑色；胸鳍及尾鳍灰色。

分布范围： 分布于中国、朝鲜半岛、日本、新加坡和印度尼西亚；中国沿海均产。

生活习性： 暖水性近海底层鱼类，栖息于沿岸浅水的岩礁间 。

资源现状： 2017 年 6 月被 IUCN 红色名录评估为“无危物种”。

鱼趣贴士： 长丝虾虎鱼喜欢与鼓虾（长岛海域有鲜明鼓虾和日本鼓虾两种）共生。鼓虾利用大钳上的两个指节迅速相撞，产生时速超过百千米的高速水射流，就像子弹从枪口射出一样。这种水射流造成的冲击波使水压在极短时间内骤降，形成真空泡。真空泡破裂时释放出巨大的能量，足以麻痹或致死鼓虾大钳前方的小型猎物。但是鼓虾视觉较差，需要有“人”给它提供预警。长丝虾虎鱼虽然凶悍，但个头太小，要保卫自己的领地也需要找个帮手。长丝虾虎鱼本来是以虾为食的，但鼓虾个头挺大，浑身包裹着坚硬的“盔甲”，还带着“手枪”，二者势均力敌，又都需要抱团取暖，便只有和平共处、共居一穴了。长丝虾虎鱼负责观敌瞭哨，鼓虾则会清理泥沙来保持洞穴畅通，每当有危险来临，长丝虾虎鱼便会摆动尾巴通知同伴，紧要关头鼓虾就会来上一枪，两者各司其职，相得益彰。

照片来源： 庄龙传，摄于 2019 年 8 月。

生物特征

分类：鲈形目虾虎鱼科丝虾虎鱼属

体长：可达 15 cm

分布：中国沿海均有分布

食性：底栖肉食性，以小型无脊椎动物为食

斑尾复虾虎鱼 *Acanthogobius hasta*

分类地位： 鲈形目虾虎鱼科复虾虎鱼属。

形态特征： ● 背鳍Ⅸ，19 ~ 20；臀鳍 15 ~ 17；胸鳍 20 ~ 21；腹鳍Ⅰ-5；尾鳍 20 ~ 21。尾柄长为尾柄高 2.3 ~ 2.5 倍。

● 体延长，前部亚圆筒形，后部稍侧扁。眼上侧位。吻圆钝，较长。唇厚。口端位，舌游离。两颌牙尖细，上、下颌牙 1 ~ 3 行；犁骨、腭骨及舌上无牙。具假鳃。鳃盖膜与峡部相连。体被圆鳞和栉鳞，前部小，后部较大，吻部、颊部及鳃盖下部裸露，头部其余部分被小圆鳞。臀鳍与第二背鳍同形，基底较短。左、右腹鳍愈合成吸盘状。胸鳍宽大。尾鳍尖长。体褐色，腹面浅色。各鳍黄褐色，第二背鳍常具黑色条纹数行，尾鳍基部常有一暗色斑块，个体较大者不明显。

分布范围： 分布于中国、朝鲜半岛、日本、印度尼西亚；中国沿海均产。

生活习性： 暖温性近海底层鱼类，栖息于底质为沙质、淤泥或细沙与礁石混合的海域，多穴居。产沉性黏性卵，产卵期 2—5 月。

资源现状： 被 IUCN 红色名录列为“未予评估”。

鱼趣贴士： 此鱼生长迅速，当年即能长成体长 30 cm 左右的大型个体。性成熟早，1 龄鱼即达性成熟，穴居产卵，怀卵量虽比一般海洋鱼类少，但由于在产卵专用洞穴中，得到亲鱼的保护，从而保证有较高的成活率。摄食凶猛，是对虾养殖的主要敌害鱼类。

照片来源： 庄龙传，摄于 2018 年 11 月。

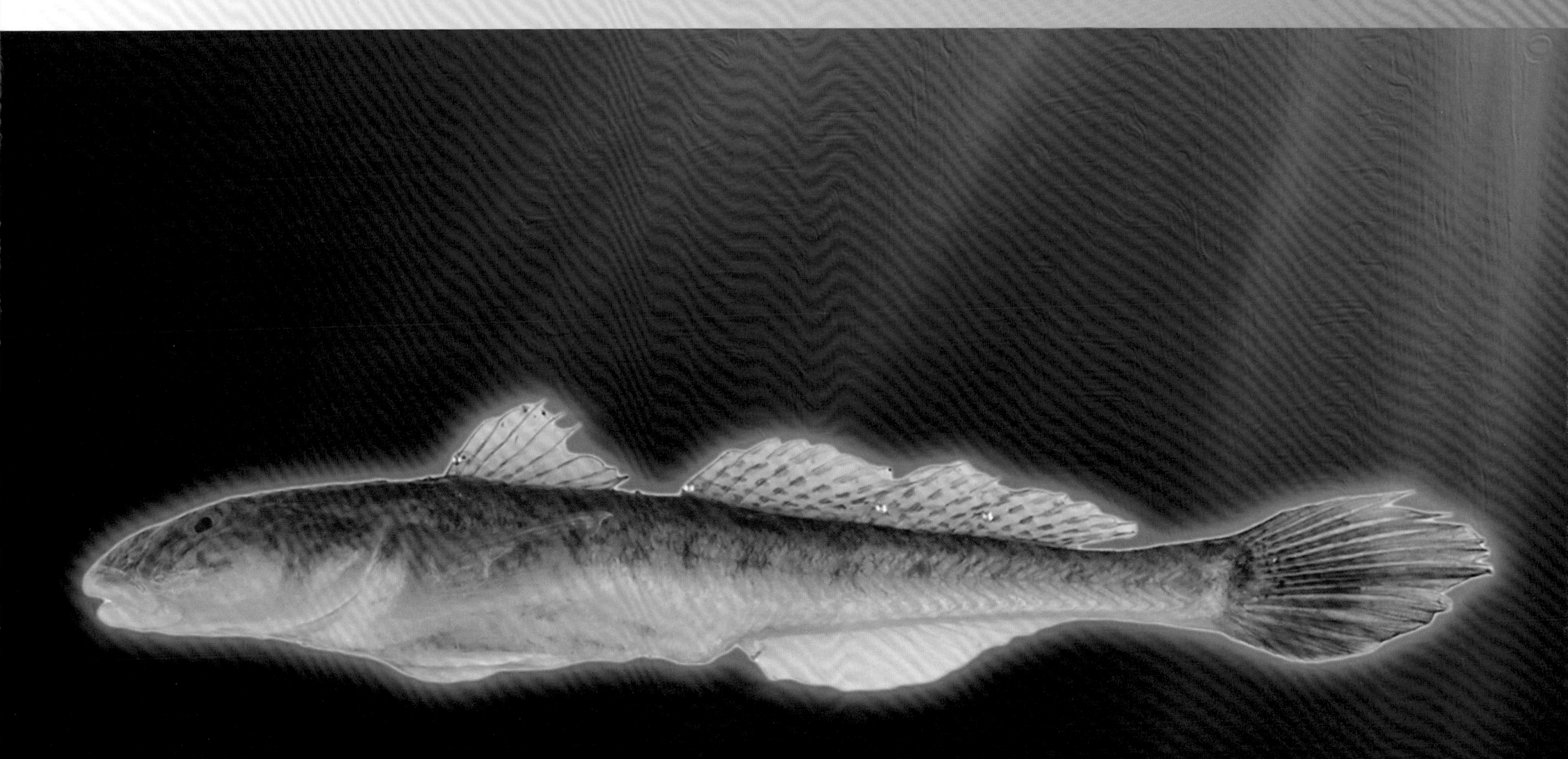

生物特征

分类：鲈形目虾虎鱼科复虾虎鱼属

体长：可达 35 cm

分布：中国沿海均产

食性：性凶猛，摄食各种幼鱼、虾、蟹和小型软体动物

五带平鲉 *Sebastes thompsoni*

分类地位： 鲉形目鲉科平鲉属。

形态特征： ● 背鳍 Ⅻ-13；臀鳍 Ⅲ-7；胸鳍 15 ～ 16；腹鳍 Ⅰ-5；尾鳍 16。侧线鳞 49 ～ 50，侧线上鳞 14 ～ 15，侧线下鳞 20 ～ 27。鳃耙 10+25。椎骨 26。体长为体高 2.6 ～ 2.8 倍，为体宽 6.2 ～ 6.5 倍，为头长 2.5 ～ 3.2 倍。头长为吻长 4.7 ～ 5.0 倍，为眼径 3.4 ～ 3.5 倍，为眼间距 3.9 ～ 4.3 倍。尾柄长为尾柄高 1.6 ～ 1.8 倍。

● 体呈长椭圆形，侧扁。尾柄短而侧扁。头中大，侧扁。吻尖突，吻长略短于眼径。背面各侧有一鼻棘，鼻棘与眼之间微凹。眼大，上侧位。眼间隔微突。眼上缘具 2 棘，前缘光滑，下缘和后缘无棘，眶前骨下缘具 2 钝棘。鼻孔每侧 2 个，前鼻孔后缘具皮质突起。口大，前位。下颌较上颌突出，下颌连合处下方微凸。前颌骨能伸缩；上颌骨外露，后端宽，向后伸达眼中线的下方。前鳃盖骨后缘具 5 棘。鳃盖骨后上方有 2 强棘。鳃盖骨背侧及侧线前端附近，有 2 肩棘。鳃孔宽大，鳃盖膜不与峡部相连。除上、下颌及鳃盖膜附近外，全体几均被栉鳞。侧线完全，与背缘平行，向后伸达尾鳍基部。头、体背侧红褐色，腹侧淡粉红色，腹部银白色；体侧具 5 条暗褐色横带，第一条位于头的后部，不甚清晰，第五条位于尾柄上部。鳃盖上方具一黑斑。

分布范围： 分布于西北太平洋近岸；在中国产于渤海、黄海和东海。

生活习性： 冷温性近海底层鱼类，栖息于近海底层岩礁和泥沙底海域。以甲壳动物及小鱼等为食。无远距离洄游习性。营体内受精卵胎生，交配期在秋末，产仔期在春末。

资源现状： 被 IUCN 红色名录列为“未予评估”。

鱼趣贴士： 五带平鲉的栖息深度为 40 ～ 150 m，属于我国平鲉属鱼类中栖息最深的鱼种。和其他平鲉属鱼类一样，五带平鲉也有体内受精卵胎生的繁殖习性，刚产出的仔稚鱼通常随大型漂浮海藻营浮游生活，以提高成活率。

照片来源： 庄龙传，摄于 2021 年 10 月。

五带平鲉 *Sebastes thompsoni*

生物特征

分类：鲉形目鲉科平鲉属

体长：可达 35 cm

分布：在中国分布于渤海、黄海和东海

食性：主要以甲壳动物和小鱼为食

许氏平鲉 *Sebastes schlegelii*

分类地位： 鲉形目鲉科平鲉属。

形态特征： ● 背鳍Ⅻ-12；臀鳍Ⅲ-7；胸鳍 18；腹鳍Ⅰ-5；尾鳍 19 ~ 20。侧线鳞 45 ~ 50。鳃耙 7 + 18。体长为体高 2.8 ~ 3.2 倍，为头长 2.6 ~ 2.8 倍。头长为吻长 3.9 ~ 5.2 倍，为眼径 3.8 ~ 4.8 倍，为眼间距 4.5 ~ 4.7 倍。

● 体延长，侧扁。吻长与眼径约相等。眼大突出，上侧位，位于头前半部；眼间隔宽平，额棱低延。眼上缘具眶前棘、眶后棘和蝶耳棘。顶棱显著，后端具一低棘。口大，斜裂。下颌较长，外侧有 3 小孔，上颌骨后端伸达眼后缘下方。鳃孔大。鳃盖膜不与峡部相连。鳃盖条 7 条。假鳃发达。鳃耙在隅角处最长，约为眼径 1/2。侧线稍弯曲。背鳍连续，始于鳃孔上方，鳍棘部与鳍条部之间有一缺刻。背鳍、臀鳍的后端均未伸达尾基。胸鳍圆形，下侧位，具 18 根鳍条，下面 8 个鳍条不分枝，后端伸达肛门。腹鳍胸位，始于胸鳍基底下方，后端几乎与胸鳍后端齐平。尾鳍截形或稍圆凸。鳔发达，壁薄。体灰褐色，腹面灰白色。背侧在头后、背鳍鳍棘部、臀鳍鳍条部以及尾柄处各有一暗色不规则横纹。体侧有许多不规则小黑斑。眼后下缘有 3 条暗色斜纹。顶棱前后有 2 横纹。上颌后部有黑纹。各鳍灰黑色，胸鳍、尾鳍及背鳍鳍条部常具小黑斑。

分布范围： 分布于中国、朝鲜半岛、日本；在中国产于东海、黄海、渤海。

生活习性： 暖温性底层鱼类，栖息于底质为岩礁、泥沙的海域。卵胎生，生殖期 4—6 月。

资源现状： 被 IUCN 红色名录列为“未予评估”。

鱼趣贴士： 卵胎生，仔鱼在雌体内发育，产出后即会自由游泳，并很快开始摄食，经 15 天后外形已似成体，雄鱼 2 龄成熟，雌鱼 3 龄成熟。为刺毒鱼类，毒器由头棘，12 背鳍棘、3 臀鳍棘、腹鳍棘各 1，鳍棘皮膜和毒腺组织构成。被刺后立即发生急性、剧烈阵痛。创口红肿、灼热。鳍棘不如朝鲜平鲉发达。此鱼是近海增殖和人工养殖的对象。肉味美，主供鲜销。

照片来源： 庄龙传，摄于 2018 年 8 月。

许氏平鲉 *Sebastes schlegelii*

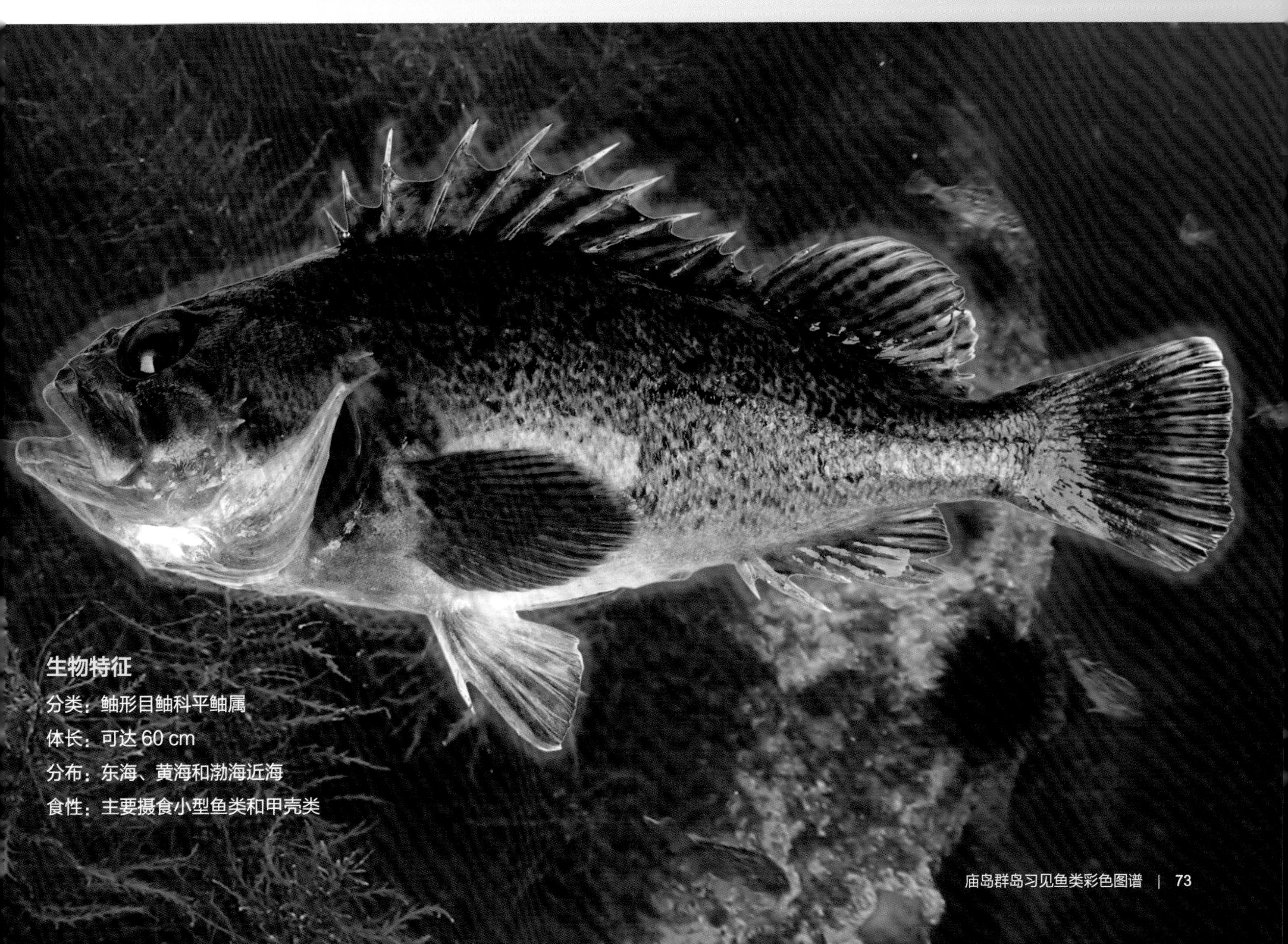

生物特征

分类：鲉形目鲉科平鲉属

体长：可达 60 cm

分布：东海、黄海和渤海近海

食性：主要摄食小型鱼类和甲壳类

朝鲜平鲉 *Sebastes koreanus*

分类地位： 鲉形目鲉科平鲉属。

形态特征： ● 背鳍 XIV–12；臀鳍 III–7；胸鳍 15；腹鳍 I–5；尾鳍 13。侧线鳞 31，侧线上鳞 9，侧线下鳞 24。鳃耙 5 + 13。体长为体高 2.6 ~ 2.7 倍，为头长 2.5 ~ 2.6 倍。头长为吻长 4.3 ~ 4.5 倍，为眼径 3.1 ~ 3.3 倍，为眼间距 5.3 ~ 6.3 倍。尾柄长为尾柄高 1.3 倍。

● 体延长，侧扁。头大，侧扁。吻尖突，吻长小于眼径。眼大，突出，上侧位。眼间隔窄，宽约为眼径之半，中央凹沟状，边缘甚高。眼上缘具眶前棘、眶后棘和蝶耳棘。眶前骨下缘有 2 钝棘。口大，前位，斜裂。下颌稍突出，上颌骨后端伸达眼中部下方。鳃孔大。鳃盖膜不与峡部相连。鳃盖条 7 条。鳃耙均粗短。背鳍连续，始于鳃孔背角的上方，鳍棘发达，鳍棘部与鳍条部之间有一缺刻，后端鳍条伸达尾鳍前基缘。臀鳍与背鳍鳍条部相对，第二鳍棘最粗大，较第三鳍棘略长、为第一鳍棘 2 倍，鳍条后端不伸达尾鳍基部。胸鳍发达，上半部的后缘及下半部的下缘均为圆形，不呈截形或内凹，下方 8 个鳍条较粗不分枝。腹鳍胸位，位于胸鳍后下方，末端伸达肛门。尾鳍后缘近圆形。体背侧灰褐色，腹部橘红色。体侧有 5 条棕褐色横纹，背鳍前和尾柄处各 1 条，体中部 3 条。眼下方有 2 条褐色放射状条纹，眼后鳃盖骨有一大黑斑。背鳍褐色，基部鳍膜有白斑。各鳍鳍条有褐色斑点。背鳍鳍条边缘、臀鳍边缘、胸鳍和腹鳍、尾鳍后缘均呈橘红色。

分布范围： 分布于西北太平洋；在中国分布于黄海和渤海。

生活习性： 冷温性近海底层小型鱼类，栖息于底质为岩礁的海域。卵胎生，生殖期 4—6 月。

资源现状： 2009 年 1 月被 IUCN 红色名录评估为“数据缺失”。

鱼趣贴士： 卵胎生，仔鱼在雌体内发育，产出后即会自由游泳，并很快开始摄食，经 15 天后外形已似成体，雄鱼 2 龄成熟，雌鱼 3 龄成熟。为刺毒鱼类，毒器由头棘，13 背鳍棘、3 臀鳍棘、腹鳍棘各 1，鳍棘皮膜和毒腺组织构成。被刺后立即发生急性、剧烈阵痛。创口红肿、灼热。鳍棘比许氏平鲉发达。无甚经济价值，但具有一定科研价值。

照片来源： 庄龙传，摄于 2018 年 11 月。

朝鲜平鲉 *Sebastes koreanus*

生物特征

分类：鲉形目鲉科平鲉属

体长：可达 20 cm

分布：渤海、黄海近岸岩礁海域

食性：主要摄食小型虾类

裸胸鲉 *Scorpaena izensis*

分类地位： 鲉形目鲉科鲉属。

形态特征： ● 背鳍Ⅻ-9；臀鳍Ⅲ-5；胸鳍 18；腹鳍 15；尾鳍 21 ~ 25。侧线有孔鳞 24，侧线上鳞 6，侧线下鳞 16。体长为体高 3 倍，为头长 2.1 倍。

● 体侧扁。头略侧扁。颅骨棘棱发达。枕骨部有一大凹洼。无额棘。第四眶下骨存在。眶下感觉管伸达第二眶下骨后端。眶前骨后下缘无向前弯棘。眶下棘斜行。眼间隔较宽浅。腭骨有齿。体被栉鳞，头大部和腹部无鳞。上腋部有一扁平皮瓣。幽门盲囊 6 ~ 9。背鳍始于鳃孔上角上方，鳍棘发达，以第三至第五棘最长，鳍棘部与鳍条部间有一缺刻，鳍棘膜凹入；鳍条后端伸达尾鳍基底。臀鳍短，始于背鳍第二鳍条下方，具 3 根鳍棘，第二鳍棘较粗大，稍短于第一鳍条。胸鳍宽圆，下部 10 根鳍条不分枝，腋部具一皮瓣。腹鳍位于胸鳍基底后下方，后端不伸达肛门，最后鳍条有一薄膜与腹部相连。尾鳍截形。腹腔中大，腹膜无色。胃大，长方形。有幽门盲囊 8 个，细长。肠短于体长，在右侧盘曲 2 次。无鳔。体红色。体侧及头部有暗色斑块。背鳍鳍条部、尾鳍、臀鳍、胸鳍具暗色小斑，腹鳍末端稍呈灰黑色。

分布范围： 分布于中国、朝鲜半岛、日本；中国沿海均产。

生活习性： 底层中小型鱼类，栖息于水深 80 ~ 120 m，底质为砂石、岩礁的海域。

资源现状： 被 IUCN 红色名录列为“未予评估”。

鱼趣贴士： 裸胸鲉亦属于刺毒鱼类。毒发症状和疼痛时间明显烈于平鲉。因此，被刺后应立即挤出毒液，清洗伤口，拭干后，涂抹杀菌剂或抗破伤风药剂以防感染。鲜红的体色斑纹让人感到眼花缭乱，即使在鱼市也非常引人注目，且风味和口感上佳。

照片来源： 庄龙传，摄于 2019 年 8 月。

生物特征

分类：鲉形目鲉科鲉属

体长：可达 45 cm

分布：中国沿海均产

食性：以甲壳动物和鱼类为食

小眼绿鳍鱼 *Chelidonichthys spinosus*

分类地位： 鲉形目鲂鮄科绿鳍鱼属。

形态特征： ● 背鳍 X，Ⅰ-15；臀鳍 15；胸鳍 14；腹鳍Ⅰ-5；尾鳍 32 ~ 35。鳃耙 2 + 11 ~ 16。体长为体高 4.4 ~ 5.7 倍，为头长 2.7 ~ 3.4 倍。头长为吻长 2.1 ~ 2.5 倍，为眼径 5.3 ~ 5.5 倍。

● 体延长，稍侧扁。体前部较高大，向后渐细小，背面稍窄。头中等大，较高，除腹面外，背面与侧面均被骨板。吻长，背面圆凸，前端中央凹入；两侧吻突广圆形，颇短，具几个小钝棘，较上颌前端稍突出。眼中等大，上侧位，椭圆形，前上角有 2 个短而尖锐的棘，眼间隔宽而稍凹。鼻孔 2 个，分开，前鼻孔稍小，圆形，具鼻瓣，后鼻孔裂缝状。口较大，端位，上颌骨后端不达眼前缘下方。前鳃盖骨下角具 2 棘，上棘大于下棘；鳃盖骨具 2 棘，项棘平扁三角形，末端几达第一背鳍起点垂直线，肩胛棘大而锐尖，末端伸达背鳍第一至第四棘基底下方。鳃孔大。鳃盖膜相连跨越峡部。鳃盖条 7 条。鳃耙扁平，内侧边缘具毛刺。具假鳃。体被细小圆鳞，腹部前半部和胸鳍基底周围无鳞。两背鳍基底楯板分别为 10 对和 15 对，每板具一指向后方的尖棘。背鳍 2 个，第一背鳍始于胸鳍基底上方，第一棘前缘具弱锯齿，第二背鳍长。臀鳍无鳍棘，与第二背鳍相对。胸鳍长而宽大，圆形，末端约伸达臀鳍第八鳍条上方，下方具 3 条完全游离鳍条。腹鳍末端几伸达臀鳍起点。尾鳍后缘浅凹。体背侧呈红褐色，具蠕虫状斑纹；腹面白色。第一背鳍和尾鳍红色；第二背鳍具不明显红色纵带；胸鳍内侧呈墨绿色，边缘蓝色。

分布范围： 分布于中国、朝鲜半岛、日本；中国沿海均产。

生活习性： 暖温性鱼类，栖息于水深 30 ~ 40 m 的沙底海域。产浮性卵，产卵期 2—5 月。

资源现状： 被 IUCN 红色名录列为“未予评估”。

鱼趣贴士： 小眼绿鳍鱼在水中不仅能游泳，还能爬、能滑翔。胸鳍下部具有 3 条指状游离鳍条。能用它钝圆的吻角，像推土机一样推开泥沙，寻找食物；又能用那 3 条指状游离的鳍条，作为前肢，在海底匍匐爬行，也可借助这指状游离的鳍条，翻动沙砾，在泥沙中探寻食物。小眼绿鳍鱼那深绿色的胸鳍非常大，它能像飞鱼一样，张开两个胸鳍，将鱼体停在水面；又能靠强有力的尾鳍左右急剧摇动，使身体迅速前进，然后跃出水面，把胸鳍张开，似蝴蝶的双翅，上下振动，在空中做短距离的滑翔。

照片来源： 庄龙传，摄于 2019 年 8 月。

小眼绿鳍鱼 *Chelidonichthys spinosus*

生物特征

分类：鲉形目鲂鮄科绿鳍鱼属

体长：可达 40 cm

分布：中国沿海均有分布

食性：以虾类、软体动物和小型鱼类等为食

大泷六线鱼 *Hexagrammos otakii*

分类地位： 鲉形目六线鱼科六线鱼属。

形态特征： ● 背鳍XIX -23；臀鳍 21；胸鳍 18；腹鳍 I -5；尾鳍 50 ~ 51。侧线鳞 101。体长为体高 3.6 ~ 4.4 倍，为头长 3.2 ~ 3.7 倍。头长为吻长 3.1 ~ 3.6 倍，为眼径 3.7 ~ 4.5 倍。

● 体延长，侧扁。头中大而尖。吻尖突，长于眼径。眼中大，上侧位，距吻端比距鳃孔为近。眼间隔宽平，眼后缘上角有一黑色羽状皮瓣，长约等于瞳孔。项部每侧具一细小羽状皮瓣。鼻孔小，1 个，具短管，距眼比距吻端为近。口中大，端位，上颌稍突出，后端伸达眼前缘下方。舌圆锥形，前端游离。上、下颌牙细尖，前部牙数行，外行牙较大，后部牙 1 行；犁骨具牙，腭骨无牙。下颌下方及前鳃盖骨边缘有 10 个黏液孔。前鳃盖骨和鳃盖骨均无棘。鳃孔大。鳃盖膜相连，跨越峡部，与峡部分离。鳃盖条 6 条。具假鳃。鳃耙短小，5 + 12 ~ 13 枚。体被小栉鳞，头部、胸鳍基底及鳍条下部和尾鳍均被小圆鳞。吻部、上下颌、眶前骨、眶下骨骨突、头的腹面、间鳃盖骨大部分及鳃盖条无鳞。第一侧线起于项侧，沿背鳍止于背鳍第十六鳍条下方，与背鳍间有横列鳞 3 ~ 4 枚；第二侧线始于第一侧线前下方，伸达尾鳍基底，与第一侧线之间有横列鳞 5 ~ 6 枚；第三侧线始于鳃孔背角，伸达尾基，与第二侧线之间有横列鳞 10 ~ 12 枚。体黄褐色，背侧较暗，约有 9 个暗色斑块，体侧具不规则灰褐色斑块。背鳍鳍棘部后方具暗褐色斑块。臀鳍鳍条灰褐色，末端黄色。其他各鳍均具灰褐色斑纹。

分布范围： 分布于中国、朝鲜半岛、日本；在中国产于黄海、渤海。

生活习性： 暖温性近海底层鱼类，栖息于水深 50 m 以内的岩礁海域底部。产黏性卵，产卵期 11—12 月。

资源现状： 被 IUCN 红色名录列为“未予评估”。

鱼趣贴士： 大泷六线鱼的卵呈淡紫色，黏性很强，卵团附着在礁石或海藻叶茎上发育。雌鱼产卵后，雄鱼护卵，在护卵至仔鱼孵出期间亲鱼不摄食，是合格的“全职奶爸”，初孵幼鱼栖息于礁石处。

照片来源： 庄龙传，摄于 2018 年 11 月。

大泷六线鱼 *Hexagrammos otakii*

生物特征

分类：鲉形目六线鱼科六线鱼属

体长：可达 25 cm

分布：在中国产于黄海和渤海

食性：为肉食性鱼类，摄食种类繁多，以小型鱼类居多

斑头鱼 *Hexagrammos agrammus*

分类地位： 鲉形目六线鱼科六线鱼属。

形态特征： • 背鳍XVIII－21；臀鳍 20；胸鳍 17；腹鳍 I－5。侧线鳞 88。体长为体高 3.6 ～ 4.1 倍，为头长 3.6 ～ 4.8 倍。头长为吻长 3.1 ～ 4.0 倍，为眼径 3.7 ～ 4.1 倍。

• 体延长，侧扁。头小而尖。项部每侧具一细小羽状皮瓣。吻尖大。眼小，圆形，上侧位，眼上缘后部具一较大羽状皮瓣。眼间隔稍圆凸，约等于眼径。鼻孔每侧 1 个，具一短管，距眼较距吻端为近。口小，亚端位，口裂稍斜。上颌稍突出，上颌骨后端几伸达眼前缘下方。鳃孔宽大。左右鳃盖膜相连，跨越峡部，与峡部分离。鳃耙短。颗粒状鳃盖条 6 条。假鳃存在。体及头的背部和后侧部被小栉鳞；颊部、鳃盖、胸鳍基部及胸部均被小圆鳞；吻、第二眶下骨骨突以及头的腹面均无鳞；背鳍鳍条部、胸鳍外侧及尾鳍被小圆鳞。侧线 1 条，高位，伸达尾基。背鳍连续，始于鳃盖后缘上方，具 18 根鳍棘，21 根鳍条，鳍棘部与鳍条部之间具一缺刻，最长鳍棘约与最长鳍条等长。臀鳍具 20 根鳍条，始于背鳍第二鳍条下方，无鳍棘，鳍膜具缺刻。胸鳍宽大，圆形，后端未伸达肛门，鳍条粗大，平扁。腹鳍亚胸位，不伸达肛门。尾鳍截形。体褐色，背侧面具深褐色不规则云纹状斑块 3 纵行。背鳍鳍条部暗褐色，中间具一浅色纵条；其余各鳍均具暗褐色斑点或斑纹。

分布范围： 分布于中国、朝鲜半岛、日本；在中国产于东海、黄海、渤海。

生活习性： 定栖性近海底栖鱼类，栖息于近岸底质为岩礁、石砾的海域。产沉性卵，产卵期 8—9 月。

资源现状： 被 IUCN 红色名录列为“未予评估”。

鱼趣贴士： 在日本北海道南部海域和东北地区，存在六线鱼属 3 种鱼类的自然杂交现象，包括斑头鱼和叉线六线鱼，大泷六线鱼和叉线六线鱼的杂交。有趣的是，两种自然杂交组合，都是以叉线六线鱼为母本，而且所有的杂交后代都表现为雌性。这说明了这类杂交具有典型的性连锁的不亲和性以及性连锁的后裔群现象。

照片来源： 庄龙传，摄于 2018 年 11 月。

斑头鱼 *Hexagrammos agrammus*

生物特征

分类：鲉形目六线鱼科六线鱼属

体长：可达 30 cm

分布：在中国产于东海、黄海和渤海

食性：主食动物性食物

鲬 *Platycephalus indicus*

分类地位： 鲉形目鲬科鲬属。

形态特征： • 背鳍Ⅱ，Ⅶ，Ⅰ-13；臀鳍 13；胸鳍 18；腹鳍Ⅰ-5；尾鳍 20 ~ 21。侧线鳞 115 ~ 120。体长为体高 8.6 ~ 12.7 倍，为头长 3.2 ~ 3.4 倍。头长为吻长 3.5 ~ 4.2 倍，为眼径 6.2 倍，为眼间距 7.5 倍。尾柄长为尾柄高 2.0 倍。

• 体延长，平扁，向后渐狭小。头平扁。眼中大，上侧位。眼间隔宽而微凹，大于眼径。口大，前位。上颌骨伸达眼后缘下方，下颌突出。鳃盖条 7 条。假鳃发达。鳃耙细长。体被小栉鳞，喉胸部及腹侧鳞更细小，吻部及头的腹面无鳞。侧线平直，中侧位，伸达尾鳍基，前部稍上侧位。背鳍 2 个，相距很近，起点在腹鳍基底上方，第一、第二鳍棘游离，第一鳍棘很小，不明显，第二鳍棘稍大，第三及第四鳍棘最长，第十鳍棘细小，游离。第二背鳍基底长约为第一背鳍基底长 2 倍，鳍条末端不伸达尾鳍基。臀鳍长，起点在第二背鳍起点下方，略长于第二背鳍，末端不伸达尾鳍基。胸鳍短圆，伸达背鳍第五至第六鳍棘下方。腹鳍亚胸位，第四鳍条最长，伸达肛门。尾鳍圆截形。体黄褐色，背侧具 6 条褐色横纹。臀鳍浅灰色；胸鳍灰黑色，密具暗褐色小斑；腹鳍浅褐色，具不规则小斑；尾鳍具黑斑。

分布范围： 分布于印度洋和西太平洋；中国沿海均产。

生活习性： 暖温性近海底层鱼类，栖息于沿岸至水深 50 m 的泥沙底质海域。产卵期 5—6 月。

资源现状： 2009 年 2 月被 IUCN 红色名录评估为“数据缺失”。

鱼趣贴士： 鲬即一般所称的牛尾鱼，它的体色与灰褐色的沙地相似，与比目鱼类一样，也常用土遁的方式，将身体埋藏于沙中，只露出两眼来侦查猎物。采用此守株待兔的方式，静待螃蟹、虾、小鱼等猎物经过，然后飞身跃起，吞食猎物。

照片来源： 庄龙传，摄于 2018 年 11 月。

鲬 *Platycephalus indicus*

生物特征

分类：鲉形目鲬科鲬属

体长：可达 60 cm

分布：我国沿海均有分布

食性：以底栖动物为食，包括底栖鱼类

绒杜父鱼 *Hemitripterus villosus*

分类地位： 鲉形目杜父鱼科绒杜父鱼属。

形态特征： ● 背鳍Ⅳ，XⅣ，11 ~ 12；臀鳍 13 ~ 14；腹鳍Ⅰ-3；胸鳍 19 ~ 20；尾鳍 20。体长为体高 3.5 ~ 4.1 倍，为体宽 2.5 ~ 3.2 倍，为头长 2.7 ~ 2.8 倍。头长为吻长 4.3 ~ 5.3 倍，为眼径 4.9 ~ 5.1 倍，为眼间距 2.9 ~ 3.1 倍，为上颌长 2.0 倍。尾柄长为尾柄高 1.4 倍。

● 吻短，吻长略大于眼径。背面中央有一大的前颌骨突起。前鼻孔里每侧具一鼻棘。眼中小，上侧位，后缘距吻端较距鳃孔近。眼间隔宽，中央为一方形凹穴，两侧为高而钝的眼上棱。口宽大，前位，斜裂，两颌约等长。前颌骨与上颌骨能伸缩，上颌骨后延至眼后缘。鳃孔宽大。鳃盖膜相连，与峡部分离。鳃盖条 6 条。具假鳃。鳃耙为绒状群。体粗糙，无鳞，被骨质瘤状突起和绒毛状小刺。头部背面和下颌缘及第一背鳍具发达的皮瓣，皮瓣上端分支。侧线完全，沿侧线有皮瓣一纵行。背鳍 2 个，第一背鳍基底很长，第二背鳍基底短，鳍条末端不达尾鳍基。臀鳍与第二背鳍相对，但起点稍前，前方鳍条较短。胸鳍圆形，下侧位，鳍条不分枝，上方第六至第八鳍条最长。腹鳍胸位，位于胸鳍基下方。尾鳍后缘微凸，均为不分枝鳍条组成。体背侧灰褐色，有大小形状不规则棕褐色斑块；腹侧淡白。背鳍和臀鳍褐色，具不规则斑纹。胸鳍、尾鳍具褐色横纹。头部下方和腹部灰绿色。

分布范围： 分布于白令海以及中国、朝鲜半岛和日本；在中国分布于渤海和黄海。

生活习性： 冷温性近海底栖鱼类。产沉性卵、黏性卵，产卵期 10—11 月。

资源现状： 被 IUCN 红色名录列为“未予评估”。

鱼趣贴士： 此鱼极为贪食，笔者曾发现一条 30 cm 绒杜父鱼胃中有 3 条体长接近 25 cm 的大泷六线鱼。绒杜父鱼外身有很坚硬的棘刺防身，常被潜水作业人员在海底岩礁附近用手直接抓起捕获，性烈，易应激，出水后通常很快翻肚死亡。

照片来源： 庄龙传，摄于 2019 年 4 月。

生物特征

分类：鲉形目杜父鱼科绒杜父鱼属

体长：可达 40 cm

分布：在中国分布于渤海和黄海

食性：主要以鱼类为食

松江鲈 *Trachidermus fasciatus*

分类地位： 鲉形目杜父鱼科松江鲈属。

形态特征： ● 背鳍Ⅵ-18 ~ 20；臀鳍 17 ~ 18；胸鳍 16 ~ 17；腹鳍Ⅰ-4；尾鳍Ⅴ-11-Ⅴ。鳃耙 0 + 8。椎骨 36 ~ 37。体长为体高 5.5 ~ 6.5 倍，为头长 2.6 ~ 2.7 倍，为尾部长 2.2 ~ 2.4 倍。头长为吻长 3.2 ~ 6.3 倍，为上颌长 2.1 ~ 2.4 倍，为尾柄长 3.2 ~ 3.6 倍。尾柄长为尾柄高 1.4 ~ 1.6 倍。

● 体长形，头及体前部平扁，向后渐尖和侧扁。头大，全蒙皮肤，有眼上、下棱及后棱，尚有顶枕棱及鳃盖棱，棱后无棘；吻背面中央前颌骨突起处较凸，突起后外侧各有一鼻棘。眼小，位于头侧上方。眼间隔宽，中央凹平，两缘眼上棱低。上颌前端较下颌略长，上端达眼后缘。前颌骨能伸缩，形成口上缘。上颌骨后端截形。唇在下颌，较发达。鳃孔大，侧位，下端达前鳃盖骨缘稍前方。鳃盖条 6 条。假鳃发达。鳃耙瘤块状，有毛刺。侧线侧中位，直线形。背鳍 2 个，微连，背缘均圆弧形。臀鳍似后背鳍，而始点较后，鳍条较短。胸鳍侧下位，圆形。腹鳍胸位。尾鳍圆截形。鲜鱼背侧淡黄褐色，腹侧白色；头体背侧及上、下颌常有黑褐色小斑点。鳍淡黄色；第 2 ~ 4 背鳍棘间有一黑斑，后背鳍、胸鳍、臀鳍及尾鳍常有黑褐色小点纹。

分布范围： 分布于西太平洋；中国沿海均产。

生活习性： 滨海淡水降海洄游小型底栖肉食性鱼类。产卵期 2—3 月。

资源现状： 被 IUCN 红色名录列为“未予评估”。国家二级保护动物。

鱼趣贴士： 东晋的《搜神记》中，有一则关于曹操在筵席上点名上松江鲈鱼脍的趣闻。这则趣闻虽是以方士的幻术为主线，但从中也可以看出至迟在三国初期，松江鲈鱼脍就已是当时筵席上的一味珍馐。东汉末年的方士左慈，字元放，庐江人。其“少有神通”，为曹操的座上宾。一次，曹操笑着对宾客说：“今日高会，珍馐略备。所少者，吴松江鲈鱼为脍。”左慈说：“这容易。”于是叫人找来铜盘，倒上水，左慈在钓鱼竿的钩上放上鱼食，然后将鱼钩垂入盘中。不一会儿，便钓上一尾鲈鱼。曹操为此鼓掌，宾客则感到惊奇。曹操说：“一条鱼不够大家吃的，得两条为好。”左慈又接着钓。少时便又钓上一条，这条鱼长三尺有余，生鲜可爱。曹操命人当众将鲈鱼切丝作脍，赐给大家。左慈在这则趣闻中，颇有今日魔术师的味道。

照片来源： 庄龙传，摄于 2019 年 8 月。

生物特征

分类：鲉形目杜父鱼科松江鲈属

体长：可达 15 cm

分布：中国沿海均产

食性：主要食物为虾类和小型鱼类

细纹狮子鱼 *Liparis tanakae*

分类地位： 鲉形目狮子鱼科狮子鱼属。

形态特征： ● 背鳍 42 ~ 43；臀鳍 31 ~ 35；胸鳍 42 ~ 44；腹鳍 6；尾鳍 10 ~ 11。鳃耙 0 ~ 1 + 8 ~ 10。体长为体高 4.2 ~ 5.2 倍，为头长 3.6 ~ 4.1 倍。头长为吻长 2.3 ~ 2.8 倍，为上颌长 1.6 ~ 2.1 倍，为眼径 6.6 ~ 10.4 倍，为眼间距 1.7 ~ 2.1 倍。

● 体延长，头及体前部稍平扁，后部渐侧扁，尾部长大于头和躯干的合长。头宽大，稍平扁，背面向吻端倾斜。吻短宽，圆钝。眼小，圆形，上侧位。眼间隔宽，略圆凸。口大，近前位，弧形。鳃孔中大，侧位，下端伸达胸鳍上方 8 ~ 12 鳍条基底。鳃耙为刺球状突起。鳃盖膜与峡部相连。鳃盖条 6 条。体无鳞，皮松软，幼鱼体光滑，成鱼有明显的砂粒状小刺，小刺基板似图钉。侧线消失，仅有 2 ~ 11 个小孔。背鳍 1 个，很长，末端与尾鳍相连。臀鳍基底较背鳍基底为短，末端与尾鳍相连。胸鳍宽圆，鳍基前伸达眼前下方。腹鳍胸位，连成一圆形吸盘，紧位于胸鳍基前端后方，吸盘周缘游离。尾鳍截形。体红褐色，腹侧稍淡。头、体有众多黑褐色纵行细条纹，随着个体生长，有时体后上方的纵纹模糊不清而呈褐色小斑块状。背鳍、臀鳍、胸鳍和尾鳍的鳍膜外缘均呈黑灰色。

分布范围： 分布于中国、朝鲜半岛、日本；在中国产于东海、黄海和渤海。

生活习性： 冷温性近海底层鱼类。产黏性卵，产卵期 11 月至翌年 2 月。

资源现状： 被 IUCN 红色名录列为“未予评估”。

鱼趣贴士： 细纹狮子鱼一般生活在潮间带附近，靠腹鳍愈合而成的吸盘吸附于岩石之上，防止被水流冲走。斑纹狮子鱼可以食用，经济价值不大。由于鱼肉含水量很大，新鲜的鱼肉面面的，吃起来口感有些松软。因此常被晾成鱼干。

照片来源： 庄龙传，摄于 2021 年 10 月。

生物特征

分类：鲉形目狮子鱼科狮子鱼属

体长：可达 55 cm

分布：在中国分布于渤海、黄海和东海

食性：以虾类和其他底栖无脊椎动物为食

高眼鲽 *Cleisthenes herzensteini*

分类地位： 鲽形目鲽科高眼鲽属。

形态特征： ● 背鳍 68 ~ 72；臀鳍 50 ~ 56；胸鳍 10 ~ 12；腹鳍 6；尾鳍 17 ~ 18。侧线鳞 75 ~ 81。鳃耙 7 + 17 ~ 19。体长为体高 2.2 ~ 2.7 倍，为头长 3.5 ~ 4.0 倍。头长为吻长 4.2 ~ 5.1 倍，为眼径 4.2 ~ 5.1 倍，为眼间距 9.3 ~ 13.8 倍。尾柄长为尾柄高 1.0 ~ 1.3 倍。

● 体侧扁，侧面观呈长卵圆形。眼均位于头部右侧，上眼位很高，越过头背正中线，自左侧尚能看到其一部分。口弧形，左右对称。鳞颇小。有眼侧大多为弱栉鳞，有时夹杂着圆鳞；无眼侧被圆鳞。身体两侧的侧线同样发达，几乎呈直线。背鳍起点偏于无眼侧，约与上眼瞳孔后缘相对。臀鳍与背鳍相对，起点约在胸鳍基底后下方。有眼侧的胸鳍略大。尾柄窄而长，尾鳍后缘弧形或略呈截形。有眼侧身体褐色，无眼侧白色。

分布范围： 分布于西北太平洋；在中国分布于渤海、黄海和东海。

生活习性： 冷温性近海底层鱼类，常栖息于 60 m 左右的泥沙底质环境。主要以多毛类、端足类及小型蟹类等为食。产卵期在 4—6 月。

资源现状： 被 IUCN 红色名录列为“未予评估”。

鱼趣贴士： 鲽形目鱼类幼时眼睛都是对称的，逐渐长大后贴地一侧的眼睛开始移动，越过头顶，翻转到另一侧去。而不同鱼种眼睛的移动距离也不同。比如高眼鲽的一只眼，几乎还在脊背上，因此得名高眼鲽。该鱼是黄、渤海地区鲽形目中资源量最丰富的鱼种。近年因过度捕捞，产量有所下降，因此有必要加强保护。高眼鲽由于性成熟早，繁殖力强，资源更新快，如加强渔业管理，资源量可快速恢复。

照片来源： 庄龙传，摄于 2020 年 10 月。

高眼鲽 *Cleisthenes herzensteini*

生物特征

分类：鲽形目鲽科高眼鲽属

体长：可达 40 cm

分布：在中国分布于渤海、黄海和东海

食性：以多毛类、端足类及小型蟹类等为食

石鲽 *Kareius bicoloratus*

分类地位： 鲽形目鲽科石鲽属。

形态特征： • 背鳍 61 ～ 75；臀鳍 47 ～ 55；腹鳍 6；尾鳍 16 ～ 19；胸鳍 10 ～ 12。侧线鳞 73 ～ 81。鳃耙 0 ～ 5 + 4 ～ 7。体长为体高 1.95 ～ 2.24 倍。头长近为上颌长 3.61 ～ 4.52 倍，为有眼侧上颌骨长 2.7 ～ 4.6 倍。

• 体长椭圆形，背、腹缘凸度相似。尾柄长与高相近。头部背缘在上眼前缘上方有一凹刻。大鱼有粗骨质突起，前端延向两眼前缘。前鼻孔有管状皮突起；右鼻孔位眼间隔前端吻右侧；左鼻孔约位上眼前缘中央头左侧。两颌左侧略长，右上颌约达下眼瞳孔前缘下方。口闭时下颌微突出。两颌有扁牙一行，牙端截形。前鳃盖后缘外露而不游离。鳃孔上端略过胸鳍基。小鱼皮内埋有退化的小鳞。成年鱼无鳞，在体右侧沿侧线及侧线与背、腹缘间各有一纵行粗骨板，下方两行骨板较小；左侧侧线前方头部有一纵行粗骨嵴，常无粗骨板，仅少数在侧线与背缘间有一纵行分散的小骨板。背鳍鳍条不分枝，后端鳍条很细小。臀鳍形似背鳍。右胸鳍小刀状；左胸鳍圆形。腹鳍基短，近似对称，鳍条不分枝。尾鳍圆截形。头体有眼侧呈黄褐色，粗骨板微红，无眼侧呈银白色。体侧及鳍上常有白斑。

分布范围： 分布于中国、朝鲜半岛、日本、俄罗斯；在中国产于黄海、渤海。

生活习性： 冷温性底层鱼类，栖息于水深 150 m 以内，底质为泥沙、细沙的海域，也喜栖礁石海域。产卵期 10—12 月。

资源现状： 2021 年 3 月被 IUCN 红色名录评估为“易危物种”。

鱼趣贴士： 石鲽与其他鲽形目鱼类一样，初孵的仔稚鱼在水中过着随波逐流的浮游生活，这时它的两只眼睛和大多数的鱼类一样是长在身体的两侧的。可当石鲽逐渐长大后，它位于左侧的眼睛慢慢地通过头部的上缘移动到了右侧。这时，它已经不适应漂浮的生活了，身体有眼睛的一侧和没有眼睛的一侧的颜色也逐渐发生了变化，最终石鲽就只能以平躺的姿势进行底栖生活了。

照片来源： 庄龙传，摄于 2018 年 8 月。

石鲽 *Kareius bicoloratus*

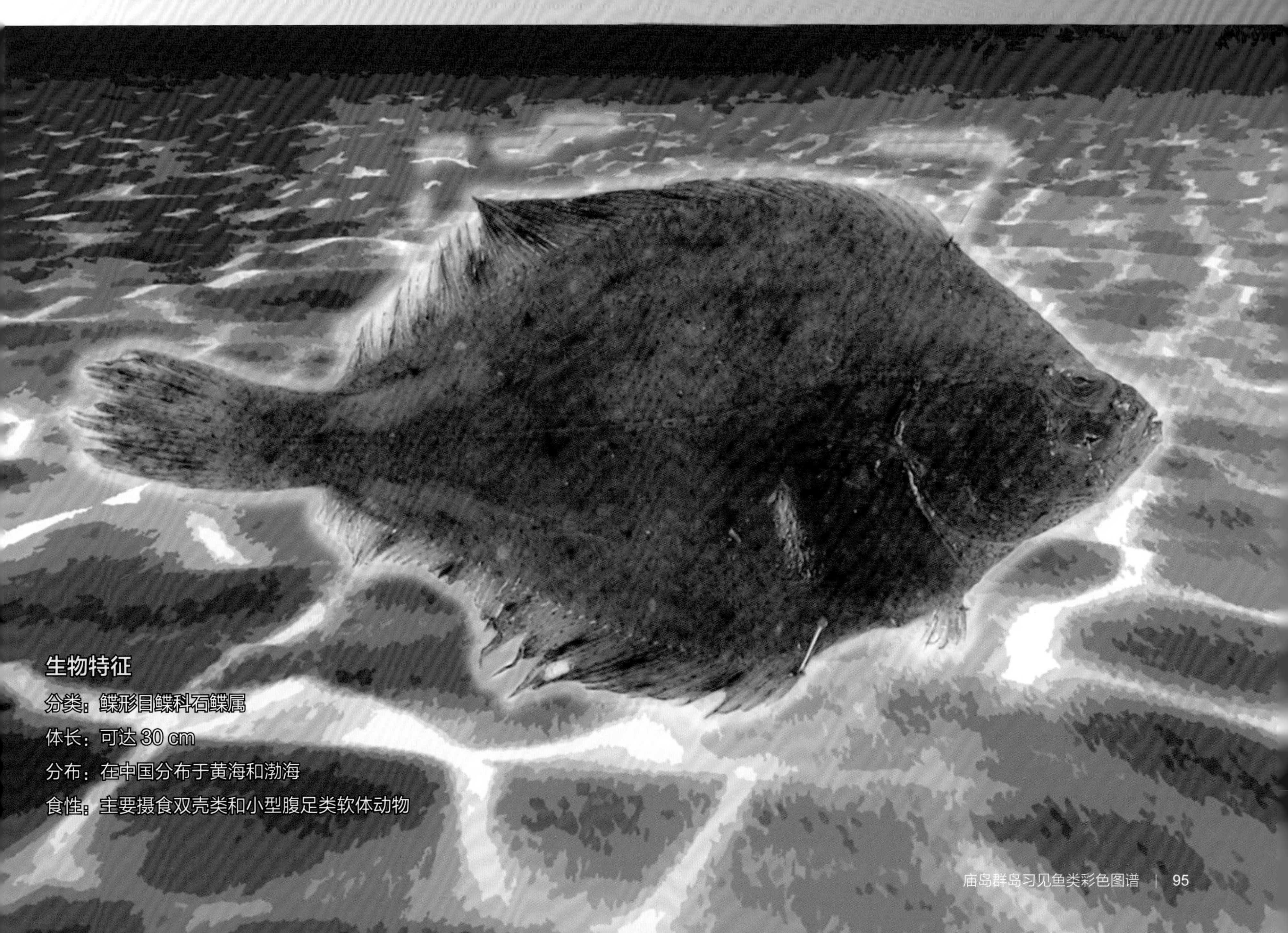

生物特征

分类：鲽形目鲽科石鲽属

体长：可达 30 cm

分布：在中国分布于黄海和渤海

食性：主要摄食双壳类和小型腹足类软体动物

钝吻黄盖鲽 *Pseudopleuronectes yokohamae*

分类地位： 鲽形目鲽科黄盖鲽属。

形态特征： • 背鳍 72；臀鳍 53；胸鳍 11；腹鳍 6；尾鳍 20。侧线鳞 76。鳃耙 3 + 6。体长为体高 2.1 ~ 2.5 倍，为头长 3.8 ~ 4.2 倍。头长为吻长 6.1 ~ 7.1 倍，为眼径 4.2 ~ 4.7 倍。

• 体呈卵圆形，尾柄较长。吻短于眼径。眼颇小，甚突出，均位于头部右侧，眼间隔颇窄。口小，斜形，左右侧不甚对称。下颌较突出，牙小，粗锥状，顶端呈截形，排列紧密，左右两侧不对称，牙式 0 ~ 4 + 12 ~ 20。舌很短。唇厚。有眼侧的前鼻孔有一长鼻管，后鼻孔有一短鼻管；无眼侧的前鼻孔有一皮膜，后鼻孔无皮膜。鳃耙扁而短。肛门偏位于无眼侧。鳞较小，通常有眼侧被栉鳞，无眼侧被圆鳞，眼间隔被小栉鳞。左、右侧线同样发达，前部侧线呈弯弓状，颞上支很短。背鳍始于无眼侧后鼻孔的后方，鳍条不分枝。臀鳍始于胸鳍基的后下方，鳍条亦不分枝。有眼侧胸鳍较长。左、右腹鳍略对称。尾鳍呈双截形。有眼侧体呈褐色，且散有暗斑，背鳍和臀鳍的鳍条上亦散有暗斑，尾鳍后部黑色；无眼侧体为白色。

分布范围： 分布于中国、朝鲜半岛、日本；在中国产于东海北部、黄海和渤海。

生活习性： 冷温性底层鱼类，栖息于泥沙质海域。具明显产卵洄游和越冬洄游习性。产沉性卵，产卵期 3—5 月。

资源现状： 2021 年 3 月被 IUCN 红色名录评估为“近危物种”。

鱼趣贴士： 钝吻黄盖鲽又名“小嘴鱼”。鱼如其名，此鱼口小吻钝，似乎与庞大的身躯不成比例，即使长至约 40 cm 的 8 龄鱼，平时也只能摄食体型较细小的沙蚕、小虾和蛇尾类（一类细小的海星）。

照片来源： 庄龙传，摄于 2019 年 8 月。

钝吻黄盖鲽 *Pseudopleuronectes yokohamae*

生物特征

分类：鲽形目鲽科黄盖鲽属

体长：可达 40 cm

分布：在中国分布于东海北部、黄海和渤海

食性：主要以虾类、多毛类动物为食

短吻红舌鳎 *Cynoglossus joyneri*

分类地位： 鲽形目舌鳎科舌鳎属。

形态特征： ● 背鳍 106 ~ 117；臀鳍 83 ~ 90；腹鳍 4；无胸鳍；尾鳍 9 ~ 12。侧线鳞 7 ~ 8 + 65 ~ 76。体长为体高 4.0 ~ 4.5 倍，为头长 4.6 ~ 4.8 倍。头长为吻长 2.3 ~ 2.4 倍，为眼径 11.2 ~ 14.5 倍，为眼间距 24.8 ~ 28.5 倍。

● 体长舌状，侧扁。头较小，稍高。两眼位于左侧头部中间稍前方，相距甚近，上眼较下眼稍前位。眼间平，被小栉鳞。有眼侧前鼻孔位于上唇缘上方，有鼻管，后鼻孔位于两眼前缘之间，为小孔状；无眼侧鼻孔位于上颌中部。口小，口裂弧形，左右不对称。鳃孔窄。左、右鳃盖膜相连。肛门在无眼侧。鳞颇大，两侧均被栉鳞，左侧侧线鳞也是栉鳞。无眼侧头前部鳞片变为绒毛状突起。有眼侧有侧线 3 条；无眼侧无侧线。背鳍、臀鳍均与尾鳍连续。背鳍起于吻部近前端的背方。臀鳍起于鳃盖的后下方。有眼侧腹鳍与臀鳍相连；无眼侧无腹鳍。尾鳍尖形。头、体有眼侧淡红色，略灰暗，各纵列鳞中央有暗色纵纹，背鳍、臀鳍膜黄色，向后渐暗；无眼侧体与鳍为白色。

分布范围： 分布于西北太平洋，国外多产于朝鲜半岛和日本；在中国分布于渤海、黄海、东海及南海北部。

生活习性： 暖温性近海小型底层鱼类。主要以多毛类、端足类及小型蟹类等为食。产浮性卵，产卵期为 5—9 月。

资源现状： 2020 年 9 月被 IUCN 红色名录评估为“无危物种”。

鱼趣贴士： 短吻红舌鳎为小型经济鱼类，味鲜美，可供食用。自 20 世纪 50 年代以来，渤海鲆鲽类的捕捞量一直在下降。20 世纪 50 年代渤海鲆鲽类每小时渔获量为 85 kg，20 世纪 80 年代为 6.2 kg，20 世纪 90 年代为 0.5 kg。为了解决渤海鲆鲽类产量下降的问题，早期我国有研究试图通过该鱼种的人工繁养个体来补充渤海资源，但最终未能推行。

照片来源： 庄龙传，摄于 2021 年 12 月。

生物特征

分类：鲽形目舌鳎科舌鳎属

体长：可达 25 cm

分布：在中国分布于渤海、黄海、东海及南海北部

食性：以多毛类、端足类及小型蟹类等为食

绿鳍马面鲀 *Thamnaconus modestus*

分类地位： 鲀形目单角鲀科马面鲀属。

形态特征： ● 背鳍Ⅱ，37 ~ 39；臀鳍 34 ~ 36；胸鳍 15 ~ 16。脊椎骨 7 + 13=20。体长为体高 2.7 ~ 3.4 倍，为第二背鳍起点至臀鳍起点间距离的 2.9 ~ 3.8 倍。

● 体形侧扁，长椭圆形。头侧三角形，上缘斜直。吻长，尖突。眼小，上侧位。口小，前位。唇发达，牙门齿状。鳃孔大，始于眼中央的下方。鳞细小，具小刺。无侧线。左、右腹鳍退化，合成 1 个短棘，不能活动。体呈蓝灰色，各鳍鳍条呈绿色，尾鳍鳍条后缘呈暗绿色。

分布范围： 分布于太平洋西部；中国沿海均产。

生活习性： 暖温性外海近底层鱼类，栖息于水深 50 ~ 120 m 的海域。喜集群，在越冬及产卵期间有明显的昼夜垂直移动现象。产黏性卵，产卵期 5—6 月。

资源现状： 2017 年 7 月被 IUCN 红色名录评估为“无危物种”。

鱼趣贴士： 绿鳍马面鲀的脸直长，鳃孔很小，嘴小，跟马脸很相似，加之各个鳍都是标志性绿色，故此得名。它们身上有一层坚韧而富有弹性的皮，有些还自带磨砂效果，这粗糙的手感，是因为每片鳞上都有几枚至几十枚不等的细长鳞棘。食用前，必须将它们表面坚韧的鱼皮剥掉，这也是被称为“剥皮鱼”的原因。

照片来源： 庄龙传，摄于 2018 年 11 月。

绿鳍马面鲀 *Thamnaconus modestus*

生物特征

分类：鲀形目单角鲀科马面鲀属

体长：可达 25 cm

分布：中国沿海均产

食性：捕食浮游动物和小型底栖动物

参考文献

陈大刚，张美昭，2015. 中国海洋鱼类 · 上卷 . 青岛：中国海洋大学出版社 .

陈寿宏，2016. 中华食材 · 中 . 合肥：合肥工业大学出版社 .

成庆泰，郑葆珊，1987. 中国鱼类系统检索 . 北京：科学出版社 .

成庆泰，周才武，1997. 山东鱼类志 . 济南：山东科学技术出版社 .

金鑫波，2006. 中国动物志 · 硬骨鱼纲 · 鲉形目 . 北京：科学出版社 .

李思忠，王惠民，1995. 中国动物志 · 硬骨鱼纲 · 鲽形目 . 北京：科学出版社 .

苏锦祥，李春生，2002. 中国动物志 · 硬骨鱼纲 · 鲀形目 海蛾鱼目 喉盘鱼目 鮟鱇目 . 北京：科学出版社 .

王仁兴，2018. 国菜精华 . 北京：生活 · 读书 · 新知三联书店 .

王者刚，2017. 珍稀鱼类图鉴 . 大连：辽宁师范大学出版社 .

伍汉霖，钟俊生，等，2008. 中国动物志 · 硬骨鱼纲 · 鲈形目（五）虾虎鱼亚目 . 北京：科学出版社 .

徐颖颖，2016. 山东长岛县庙岛群岛历史价值初探 . 中共青岛市委党校青岛行政学院学报，(6):118−122.

曾少葵，林洪，杨萍，等，2006. 海鳗鱼鳔营养成分分析及鱼鳔营养液的研制 . 上海水产大学学报，15(4):473−476.

张春光，2010. 中国动物志 · 硬骨鱼纲 · 鳗鲡目 背棘鱼目 . 北京：科学出版社 .

张世义，2001. 中国动物志 · 硬骨鱼纲 · 鲟形目 海鲢目 鲱形目 鼠鱚目 . 北京：科学出版社 .

朱元鼎，孟庆闻，等，2001. 中国动物志 · 圆口纲 软骨鱼纲 . 北京：科学出版社 .

NELSON J S, GRANDE T C, WILSON M V H, 2016. Fishes of the World. New York: John Wiley & Sons.

SMITH M P, SANSOM I J, REPETSKI J E, 1996. Histology of the first fish. Nature, (380):702−704.

潜水录像实拍

扫码可见视频

斑头鱼

扫码可见视频

横带高鳍虾虎鱼

扫码可见视频

朝鲜平鲉

扫码可见视频

牡蛎礁上的朝鲜平鲉

扫码可见视频

藏在岩缝中的纹缟虾虎鱼（你发现了吗）

扫码可见视频

趴伏在海星旁的纹缟虾虎鱼

扫码可见视频

海藻丛中的许氏平鲉

扫码可见视频

许氏平鲉鱼群

大泷六线鱼

扫码可见视频

扫码可见视频

扫码可见视频

大泷六线鱼和刺参

扫码可见视频

海藻与卵石间的大泷六线鱼幼鱼

扫码可见视频